电力运维检修专业技术丛书

变电运维核心技能基础与提升

国网天津市电力公司检修公司　主编

中国水利水电出版社
www.waterpub.com.cn

·北京·

内 容 提 要

本书是《电力运维检修专业技术丛书》之一，结合变电运维专业的特点，根据该专业需要掌握的核心技能进行编写，主要内容涵盖了变电运维基础、设备巡视与缺陷、变电运行倒闸操作技术、变电站异常及事故处理、工作现场安全防控等五部分，涵盖设备、技能和安全管理等全部核心技能。本书侧重讲解变电站现场工作的实际技能，力求通过实例进行深入浅出地讲解，使运维人员能够不断提升业务水平，通过借鉴和学习，快速解决变电站生产中的实际问题。

本书可供从事变电运维专业的新员工学习，亦可作为该专业技术人员和管理人员的培训和提升参考用书。

图书在版编目（CIP）数据

变电运维核心技能基础与提升 / 国网天津市电力公司检修公司主编. -- 北京 ： 中国水利水电出版社，2020.10
　（电力运维检修专业技术丛书）
　ISBN 978-7-5170-9088-5

　Ⅰ．①变… Ⅱ．①国… Ⅲ．①变电所－电力系统运行
Ⅳ．①TM63

中国版本图书馆CIP数据核字(2020)第213703号

书　　名	电力运维检修专业技术丛书 **变电运维核心技能基础与提升** BIANDIAN YUNWEI HEXIN JINENG JICHU YU TISHENG	
作　　者	国网天津市电力公司检修公司　主编	
出版发行	中国水利水电出版社 （北京市海淀区玉渊潭南路1号D座　100038） 网址：www.waterpub.com.cn E-mail：sales@waterpub.com.cn 电话：(010) 68367658 （营销中心）	
经　　售	北京科水图书销售中心（零售） 电话：(010) 88383994、63202643、68545874 全国各地新华书店和相关出版物销售网点	
排　　版	中国水利水电出版社微机排版中心	
印　　刷	清淞永业（天津）印刷有限公司	
规　　格	184mm×260mm　16开本　13印张　316千字	
版　　次	2020年10月第1版　2020年10月第1次印刷	
印　　数	0001—3000册	
定　　价	**58.00元**	

凡购买我社图书，如有缺页、倒页、脱页的，本社营销中心负责调换

《电力运维检修专业技术丛书》编委会

主　编　殷　军

委　员　王永宁　周文涛　贺　春　廖纪先　鲁　轩

　　　　何云安　朱会敏　王　慧

本书编委会

主　　　编　殷　军

副　主　编　王永宁　周文涛　贺　春　廖纪先

委　　　员　丁连荣　任　毅　白永磊　鲁　轩　张　尧

　　　　　　李杨春　王振岳　赵婧宇

编写组组长　白永磊

参编人员　　刘　磊　王学军　孙长虹　高洪超　李　谦

　　　　　　潘　旭　韩翔宇　艾士超　张　东　薄婷婷

　　　　　　庞　瑞　魏文思　李　祺　韩　彧　谷瑞政

　　　　　　李　圣　李　真　薄文武　王哲豪　梁　弘

　　　　　　张筱文　董　帅　王　宁　王明行　邹培根

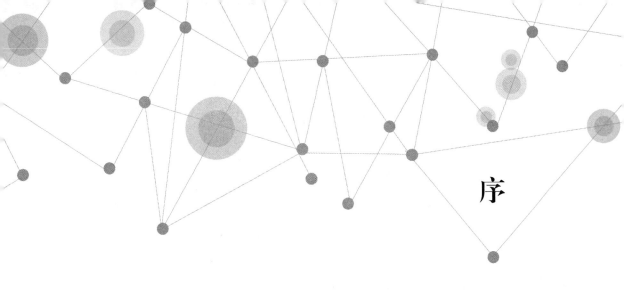

序

　　随着我国特高压主干网的建设投入，全球能源互联网建设加快世界各国能源互联互通的步伐，科技进步有力地促进国内智能电网的快速发展，特高压输变电技术、数字化数据传输、一体化成套设备等变电新技术广泛采用，对运维、检修人员的业务素质和技能水平提出更高的要求。

　　如何在有限时间内，提高生产一线人员的整体业务能力，快速熟悉事故反措、规程规范、管理要求，迅速掌握新设备、新技术、新工艺，成为目前员工素质培养的关键。国家电网有限公司高度重视安全生产标准化、规范化、精益化的管理要求，以应对运维检修业务的时代发展变化，保障电力供应满足人民日益增长的物质文化需求。

　　为此，我们搭建经验交流平台，促进理论制度在实践的进一步应用。通过集中专业优势力量，结合目前国家电网有限公司的最新运检管理规定和反措要求，聚焦实践应用，聚焦人才培养，组织编写了《电力运维检修专业技术丛书》，以期为业务提升与人才发展相融共进提供一些有益的帮助。

　　丛书共四个分册，分别是《电网重大反事故措施分析与解读》《变电运维核心技能基础与提升》《二次专业基建验收实践》和《变压器检修典型案例集》。作为开发变电运行、二次检修、主变检修等专业的培训用书，丛书深刻剖析各种技术工作的内在要点并详加讲解，真正让生产人员能够通过全方位学习，掌握运检生产过程中的关键技术，使其从容应对电网大踏步发展背景下的变电运检工作，提升电网运行安全保证能力。

　　丛书编写人员包括运行经验丰富的班长、专业带头人、技能骨干等，丛书力求贴近现场工作实际，具有内容丰富、实用性和针对性强等特点，满足技能人员实操培训需求。

下一步本书编委会将立足国家能源战略需求和形势，围绕国家电网有限公司建设具有中国特色国际领先的能源互联网企业的战略目标，不断整合资源、推陈出新，为全方位帮助一线工作人员提升技术技能基础不懈努力。

《电力运维检修专业技术丛书》编委会

2020 年 9 月

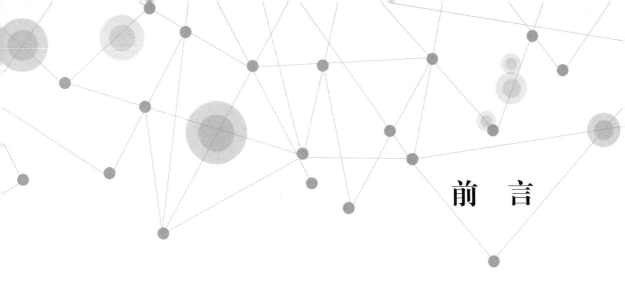

前　言

为适应电网建设步伐加快、变电站增多、新员工增加的状况，需要尽快提高变电运维人员的技能水平。同时大量新技术、新设备的使用对变电运维人员的专业技术素质也提出了更高的要求。为不断夯实变电运维人员核心技能基础，提升运维和管理水平，国网天津市电力公司检修公司组织变电运维专业技术人员编写了《变电运维核心技能基础与提升》。

本书针对性强，主要面向从事变电站运维、管理工作的一线工作人员，参考了国家电网有限公司关于变电运维专业的最新要求，力求通俗易懂。本书实用性强，侧重讲解变电站现场工作的实际技能，归纳总结运维实践中一些简单易行的经验做法，并通过实例进行图文并茂、深入浅出地讲解，以解决变电站生产中的实际问题。

本书涵盖面广泛，结合变电运维专业的特点，根据该专业需要掌握的核心技能进行系统编写，从变电运维新入职员工需要掌握的变电一、二次设备认知开始讲解，主要内容涵盖了变电运维基础、设备巡视与缺陷、变电运行倒闸操作技术、变电站异常及事故处理、工作现场安全防控等五个章节，涵盖设备、技能和安全管理等全部核心技能。

本书是变电运维人员掌握运维核心技能基础与提升的培训教材，通过本书的学习，能够全面提升变电运维人员的业务素质，为保证电网安全稳定运行提供技术、技能支撑。

本书由变电运维中心组织编写，分别成立了五个编写小组，每组设指导专家1名，组长1名，组员若干，在编写组成员的排序上按照成书章节的顺序进行排列。本书的编写过程得到了运维检修部、安全监察部（保卫部）和党委组织部（人力资源部）众多技术专家的大力支持和帮助，在此一并表示深切的谢意。

由于变电运维技术涉及领域广、技术发展迅速，加之编者水平有限，编写时间仓促，本书难免存在错误和不足，恳请专家、读者批评指正。

编者

2020 年 5 月

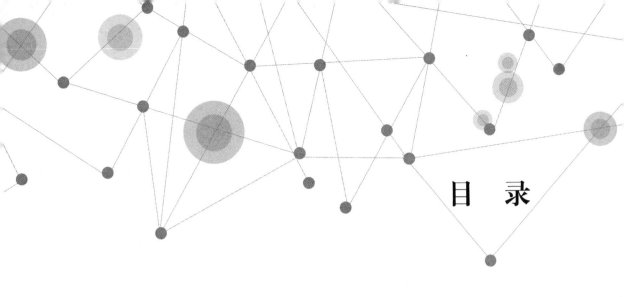

目　录

第一章
变电运维基础

第一节　变电站在电力系统中的重要性

电力系统是由发电厂、输配电线路、供配电所和用电等环节组成的电能生产与消费系统，它的功能是将自然界的一次能源通过发电动力装置转化成电能，再经输电、变电和配电系统将电能供应到各用户，其构成如图 1-1 所示。

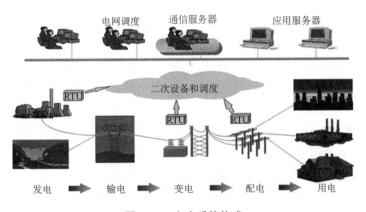

图 1-1　电力系统构成

在电力系统中，变电站的功能是变换电压等级、汇集配送电能，以满足电力系统与用户的需要。电是一种特殊产品，它的产供销瞬间完成。发电厂起到产的功能，变电站起到供的功能。发电厂的升压变电站把发电机出口电压升到所需要的电压，经必要的输电线路把电能输送到远方的降压变电站，把电压降到用户所使用的电压等级以满足用户的需要。

变电站把一些电气设备组装起来，用以切断或接通必要的设备，改变或调整电压，满足系统的需要。在电力系统中，变电站是输电和配电的集结点，是电力系统中变换电压、接受和分配电能、控制电力的流向和调整电压的重要单元，通过变压器将各级电压的电网联系起来。由此可见，变电站对于电力系统的重要性不言而喻，相对于输电线路，变电站的结构复杂、功能多样、设备众多，集中了电网的绝大部分资产，是电网运维的重中之重。了解并熟悉变电站的构成，掌握变电站的日常工作技能，对于电网从业人员来说至关重要。

第二节　变电站一次设备

为了满足电能的生产、输送和分配的需要，发电厂和变电站中安装有各种电气设备。按所起的作用不同，电气设备可分为一次设备和二次设备两大类。随着电力工业数百年来的发展，变电站主要设备的性能和设计理念日新月异，GIS 设备、SVG、智能变电站……各种新设备、新技术的出现也在推动着变电站不断发展变化。

变电站中直接用来接受与分配电能以及与改变电能电压相关的所有设备，均称为一次设备或主设备，由于它们大都承受高电压，故也多属高压电器或设备。它们包括变压器、GIS 设备、断路器、隔离开关、接地开关、母线、电流互感器、电压互感器、开关柜、避雷器、并联电容器、电抗器、站用变压器、消弧线圈及小电阻等。由一次设备连接成的系统称电气一次系统。

一、变压器

(一) 变压器的作用

变压器是变电站的主要电气设备之一，其主要作用是变换电压。升压变压器将低压变成高压，用于远距离输送。降压变压器将高压变成低压，满足不同用户需求。随着光伏、风电等清洁能源的发展，变压器升压和降压作用根据潮流变化不断变换，实际起到了联变的作用。

(二) 变压器的分类

1. 按冷却介质和冷却方式分类

变压器按冷却介质可分为油浸式和干式两大类。

变电站中的主变压器一般都采用油浸式变压器。油浸式变压器的冷却方式分为强迫油循环水冷（OFWF）、强迫油循环风冷（OFAF）、自然冷却（ONAN）和自然油循环风冷（ONAF）四类，其各字母含义见表 1-1。

表 1-1　　　　　　　油浸式变压器冷却方式各字母含义

位置	字母	含　义
第一个字母	O	矿物油或燃点不大于 300℃ 的合成绝缘液体
第二个字母	N	流经冷却设备和绕组内部的油流是自然的热对流循环
	F	冷却设备中的油流是强迫循环，流经绕组内部的油流是热对流循环
第三个字母	A	空气
	W	水
第四个字母	N	自然对流
	F	强迫循环（风扇、泵）

变电站内站用变压器和接地变压器一般采用干式变压器。干式变压器分为自然空气冷

却（AN）和强迫空气冷却（AF）两大类。自然空气冷却干式变压器可在额定容量下长期连续运行；强迫空气冷却变压器输出容量将会提升 50%。

2. 按调压方式分类

变压器按调压方式可分为有载调压变压器和无载调压变压器两大类。

有载调压开关是有载调压变压器的关键设备，有载调压变压器可在变压器带负载的情况下变换绕组的分接头，变电站内主变压器一般采用有载调压变压器。

无载调压变压器则需要在变压器停电后才可调整分接头位置，额定调压范围较窄，调节级数较少，只适用于不经常调节或者季节性调节的变压器。变电站内的干式站用变压器、小容量的油浸式所用变压器，以及接地变压器一般采用无载调压变压器。

3. 按相数分类

变压器按相数可分为单相变压器、三相变压器。

500kV 电压等级的变压器一般采用单相变压器，在站内主变压器设备区分相布置，占地规模比较大，如图 1-2 所示。随着绝缘技术的发展，国内少数容量为 750kVA 的 500kV 变压器采用了三相共体设计，大大节省了占地面积，如图 1-3 所示。

图 1-2 某 500kV 单相变压器　　　　　图 1-3 某 500kV 三相变压器

220kV 及以下电压等级的变压器都为三相共体变压器。

一般情况下，只要运输条件允许，在工程设计中都选用三相共体变压器。

（三）变压器的主要结构

变压器本体的主要构成包括铁芯、绕组、绝缘、外壳及其他必要的组件。变压器的辅助设备包括油箱、油枕与呼吸器、压力释放装置、散热器、绝缘套管、分接开关、瓦斯继电器、测温装置等。

1. 油箱

油箱内装满变压器油，保护铁芯和绕组不受潮的同时，又可起到绝缘和散热的作用。大型变压器一般有两个油箱，一个是本体油箱，一个是有载调压油箱。有载调压油箱内装有分接开关，分接开关操作时产生电弧，频繁操作将会降低油的绝缘性能，因此单独设置有载调压油箱。工程实践中，为了便于分析和检测电缆油仓绝缘油指标，220kV 和 110kV 电压等级电缆油仓与本体油箱分开布置，因此也会单独设置油箱。

2. 油枕与呼吸器

油枕与油箱相通，起到储油和补油的作用，以保证油箱内充满油。油枕还能减少油与空气的接触面，防止油氧化和受潮。油枕进气管的端部装有呼吸器，空气进入油枕之前先经呼吸器吸潮处理。呼吸器中放有变色硅胶，常规蓝色硅胶受潮后由蓝变红，一般变色达到 2/3 时，需要进行更换。大型变压器常采用隔膜式油枕或者胶囊式油枕。油枕的侧面装有油位表，用以观察油面的高低，油面以一半高为宜。对于隔膜式油枕，可以安装磁力式油表，油表上部安装接线盒，当油枕油位高度过高或者过低时，可发出报警信号。

有载调压侧设有有载调压油枕和呼吸器。有载调压油枕油位应低于本体油枕，以防止分接开关的油渗入本体。

3. 压力释放装置

压力释放装置包括防爆管、压力释放阀与速动油压继电器。

防爆管安装在变压器的油箱盖上，当变压器发生内部故障，油箱内压力升高时，隔膜片破裂向外喷出高压气体和油，减轻油箱所承受压力。

近年随着设计理念的更新和技术的提高，防爆管已逐渐被更为先进的压力释放阀所代替，压力释放阀与防爆管的区别在于压力释放阀以弹簧阀反映油箱内压力。当压力释放阀腔内的压力达到动作值时，弹簧阀打开阀门，释放压力。相关运行规程规定压力释放阀接点宜发"信号"，但当压力释放阀动作而变压器不跳闸时，可能会引发变压器的缺油运行而导致故障扩大。为此，可采用双球阀的瓦斯继电器与之相配合来保护变压器。当压力释放阀动作导致油位过低时，瓦斯继电器的下部浮子下沉导通发出跳闸信号。

速动油压继电器是一种新型的变压器油箱压力继电保护装置。它是利用油箱内由于事故造成的动态压力增速来动作的。油压增长速度越快，动作越迅速，由于油压波在变压器油中的传播速度极快，所以速动油压继电器应反应灵敏，动作精确，以迅速发出信号。在变压器上安装速动油压继电器，一旦主变压器内部发生恶性短路故障，可有效防止油箱爆炸。目前在大型主变压器上同时装有压力释放阀和速动油压继电器，两者配合使用。

4. 散热器

当变压器上层油温与下层油温产生温差时，通过散热器形成油的循环，使油经散热器冷却后流回油箱。为了提高变压器冷却效果，可以采用强迫油循环水冷、强迫油循环风冷和自然油循环风冷等方式。

5. 绝缘套管

绝缘套管是变压器高中低绕组的引线到油箱外部的绝缘装置，起到固定引线和对地绝缘的作用。依据运行电压不同，将其分为充气式、充油式和固体式三种。

6. 分接开关

分接开关一般安装在高压侧（自耦变压器装在中压侧），通过改变一次侧绕组匝数来调整电压。分接开关有手动、电动操作方式。如今主变压器多采用有载调压方式，通过AVC进行实时控制。

7. 瓦斯继电器

瓦斯继电器安装在油箱和油枕之间的管道中。变压器有缺陷时，油分解产生气体，气体进入继电器中，轻瓦斯发出报警信号。通过检测瓦斯继电器中的气体，可监测变压器的运行状态。变压器内部故障时，产生的强烈气体推动油流，重瓦斯动作跳闸。

8. 测温装置

一般大型变压器都装有测量主变压器上层油温的测温装置。当主变压器过载或内部出现异常运行情况时，变压器油温将上升或出现异常。这也是日常变电运维巡视过程中需要重点关注的一点。一般每台主变压器会设置两个上层油温及一个绕组温度。由于上层与下层之间存在油温差，所以将测量点设置在上层能够更加及时地反映主变压器过热情况。同时由于绕组处于主变压器内部位置，不易直接测量其温度，所以绕组温度并非直接测量，通常采用在上层油温叠加 TA 二次电流进行补偿的方式进行显示，根据绕组温升曲线可以近似得到绕组温度，供运维人员参考。

（四）变压器的参数

每个变压器都有铭牌，铭牌记载了变压器的各种额定参数。

1. 型号

变压器型号含义如图 1-4 所示。

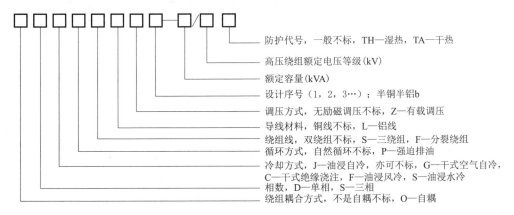

防护代号，一般不标，TH—湿热，TA—干热
高压绕组额定电压等级(kV)
额定容量(kVA)
设计序号（1，2，3…）；半铜半铝b
调压方式，无励磁调压不标，Z—有载调压
导线材料，铜线不标，L—铝线
绕组线，双绕组不标，S—三绕组，F—分裂绕组
循环方式，自然循环不标，P—强迫排油
冷却方式，J—油浸自冷，亦可不标，G—干式空气自冷，C—干式绝缘浇注，F—油浸风冷，S—油浸水冷
相数，D—单相，S—三相
绕组耦合方式，不是自耦不标，O—自耦

图 1-4　变压器型号含义

根据变压器型号，可以了解到一台变压器的相数、冷却方式、绕组数、额定容量等基本信息，各种一次设备的铭牌也是运维人员在进行设备信息收集、台账录入时需要重点关注的一个地方。

2. 技术参数

技术参数包括额定容量（kVA）、电压等级（kV）、各电压等级下的额定电流、额定频率、相数、使用条件（户内式、户外式）、冷却方式、联接组标号、绕组电路接线图（包括分接开关的设置情况）及相量图、海拔、空载损耗、空载电流、阻抗电压、绝缘水平、绝缘油重量、套管安装位置、套管型电流互感器（型号、数量及电流比）等。

二、GIS 设备

（一）GIS 设备的定义

GIS（Gas Insulated Switchgear）设备是指将断路器、隔离开关、接地开关、快速接地开关、电流互感器、电压互感器、避雷器、母线等单独元件连接在一起，封装在以一定压

力的 SF_6 气体作为灭弧和绝缘介质的金属封闭外壳内，并与出线套管、电缆连接装置等共同组成，且只在此种形式下才能运行的高压电气设备。GIS 设备还包括用于 GIS 设备控制、测量、信号及调节的辅助部件及回路。GIS 设备外观如图 1-5 所示。

HGIS 设备的结构与 GIS 设备基本相同，区别在于 HGIS 设备不包含母线设备，其母线不装于 SF_6 气体中，所以占地面积相对于 GIS 设备较大，接线清晰，安装及维护检修方便，如图 1-6 所示。

图 1-5　GIS 设备外观

图 1-6　HGIS 设备外观

（二）GIS 设备的结构

根据外部的壳体类型，GIS 设备可以分为三相共筒式和单相式两种，壳体材料有铝合金和钢两种。GIS 设备内部有许多相同压力或不同压力的各电气元件的气室，由气隔将气室密封，使各气室气体互不相通。在日常运维工作中应关注各气室压力是否在规定范围内，若出现漏气则需要及时补气或者停电检修。

GIS 设备的基本结构包括断路器、隔离开关、接地开关、电压互感器、电流互感器、避雷器、套管、母线、密度继电器、汇控柜等。

1. 断路器

断路器是 GIS 设备的核心元件，断路器和其他电气元件必须分为不同气室。主要原因在于断路器的 SF_6 气体压力的选定要同时满足绝缘和灭弧两方面的要求，而其他气室的 SF_6 压力只需要满足绝缘要求。另外断路器动作时产生的高温会使 SF_6 分解出腐蚀性和毒性物质，需要避免这些物质污染其他气室元件。

2. 隔离开关

GIS 设备中的隔离开关具有电气联锁功能，可防误操作，且带有电阻，用以降低隔离开关操作时的操作过电压。

3. 接地开关

GIS 设备中进线侧大多是快速接地开关，具有关合接地感应电流的能力。

4. 电压互感器

大多数电压互感器是电磁式。

5. 电流互感器

在单相式 GIS 设备中，电流互感器的铁芯位于壳体外侧，确保壳体和导体之间的电场完全不受干扰。在三相共筒的 GIS 设备设计中，电流互感器的铁芯一般在壳体内。

6. 避雷器

GIS 设备中的避雷器结构紧凑，火花间隙元件密封，性能稳定。

7. 套管

GIS 设备与架空线路或者其他空气绝缘件的连接是通过套管连接的。

8. 母线

各间隔通过各自封闭的母线连通。

9. 密度继电器

每一个气室应设置 SF_6 密度继电器、压力表、充气阀。220kV 及以上分相结构 GIS 设备的断路器每相应安装独立的密度继电器，用于对 SF_6 气体压力报警、闭锁。

10. 汇控柜

每个间隔都应设置汇控柜，汇控柜上应有一次设备的模拟接线图和断路器、隔离开关及接地开关的位置指示。柜内应有驱湿、温度自动控制装置，并配置空气开关、插座、照明等辅助设备。汇控柜除了实现就地控制、测量和信号显示外，还应具有足够的辅助触点和试验端子，供远方测量、控制和信号使用。

三、断路器

(一) 断路器的作用

断路器是指电力系统中能关合、承载、开断运行回路正常电流，并能在规定时间内关合、承载及开断规定的过负荷电流（包括短路电流）的开关设备。断路器是电力系统中最重要的开关设备，它担负着控制和保护的双重任务：控制作用是指根据电网运行需要，用断路器把部分电力设备或线路投入或退出运行；保护作用是指断路器还可以在电力线路或设备发生故障时将故障部分从电网快速切除，保证电网中的无故障部分正常运行。如果断路器不能在电力系统发生故障时迅速、准确、可靠地切除故障，就会使事故扩大，造成大面积的停电或电网事故。因此，断路器的性能是决定电力系统安全的重要因素，断路器的发展也直接影响到电力系统的发展。

(二) 断路器的分类

1. 按灭弧介质分类

(1) 油断路器：指利用绝缘油作为灭弧介质和绝缘介质的断路器。

(2) 压缩空气断路器：指以压缩空气作为灭弧介质和绝缘介质的断路器。

(3) SF_6 断路器：指以 SF_6 气体作为灭弧介质和绝缘介质的断路器。

(4) 真空断路器：指利用真空作为灭弧介质和绝缘介质的断路器。

目前，广泛应用的是 SF_6 断路器和真空断路器。

2. 按操动机构分类

(1) 手动机构断路器：指使用人力合闸机构的断路器。

(2) 电磁机构断路器：指使用直流螺管电磁铁合闸机构的断路器。

(3) 弹簧机构断路器：指使用人力或电动机储能弹簧合闸机构的断路器。

（4）液压机构断路器：指以高压油推动活塞实现分合闸的断路器。

（5）液压弹簧机构断路器：指用碟簧作为储能介质，液压油作为传动介质的断路器。

（6）气动机构断路器：指以压缩空气推动活塞使断路器分合闸的断路器。

（三）断路器的主要参数

1.主要电气性能参数的含义

（1）额定电压：指断路器正常工作时，所在系统的额定（线）电压。

（2）额定频率：交变电流、电压在单位时间内完成周期性变化的次数，单位为 Hz。

（3）额定电流：指在规定的使用和性能条件下能持续通过的最大电流（有效值）。

（4）额定短路开断电流，也称额定短时耐受电流（热稳定电流）：指在规定的使用和性能条件下，断路器所能开断的最大短路电流。

（5）额定短路持续时间：指断路器设备在合闸状态下能够承载额定短时耐受电流的时间。

2.主要机械性能参数的含义

（1）分闸时间：从接到分闸指令开始到所有极触头都分离瞬间的时间间隔。

（2）合闸时间：从断路器合闸命令开始到最后一极触头接触瞬间的时间间隔。

（3）合分时间：合闸操作中，某一极触头首先接触的瞬间和随后的分闸操作中所有极触头都分离瞬间之间的时间间隔。合分时间又称金属短接时间。

（4）同期合闸时间：合闸操作中，最先和最后合闸相合闸时刻之间的时间差值。

（5）同期分闸时间：分闸操作中，最先和最后分闸相分闸时刻之间的时间差值。

（6）额定开断时间：从断路器接到分闸命令开始到断路器开断后三相电弧完全熄灭的时间，包括分闸时间和熄弧时间。

3.主要结构

（1）灭弧室：将断路器的两个触头装在一个密封的装置内，利用高压气流吹灭电弧，该装置为灭弧室。灭弧室内常见的绝缘方式为真空绝缘、油质绝缘和 SF_6 气体绝缘。

（2）底座：由高压绝缘子组成，内部瓷套放置传动机构装置，从而保证带电部分与地绝缘。

（3）传动装置：由一组或三组传动杆组成的连接灭弧装置和操动机构的装置。

（4）操动机构：通过将机构内储存好的能量在瞬间释放来实现断路器动作的机构。

（5）控制回路：运维人员通过控制回路对断路器实施操作，并可以通过信号值判断断路器状态。

（6）附件：主要包括绝缘子支柱、同步合闸装置、压力释放保护装置。其中压力释放保护装置主要有压力释放阀和防爆膜两种，主要通过释放气体压力从而避免 SF_6 断路器和 GIS 设备内部设备压力不稳导致的爆炸。

（四）断路器的工作原理和特点

1.断路器的灭弧原理

断路器在分合闸过程中形成电弧是断路器触头间具有电压以及气体分子被游离的结果。电弧产生的温度高达 $5000\sim13000℃$，可使断路器触头烧毁，危害电力系统的安全，所以对断路器产生的电弧必须加以限制。

交流电弧电压和电弧电流的大小及相位都是随时间作周期性变化的，每一周期内有两次过零值。电流过零时，电弧自动熄灭，而后随着电压的增大，电弧又重新燃烧。

交流电弧每半个周期自然过零一次，从熄弧角度来看，电流过零时，电弧自动熄灭，只要过零后的电弧不再重燃，则交流电弧就熄灭了。因此，对交流电弧来说，重要的不是电弧能否熄灭，而是电流过零后，弧隙是否会再次击穿而使电弧重新燃烧。

2. 熄灭电弧的基本方法

在高压断路器中，广泛采用的基本灭弧方法有迅速拉长电弧、吹弧和利用固体介质的狭缝或狭沟灭弧。

（1）迅速拉长电弧。迅速拉长电弧有利于散热和带电质点的复合和扩散，具体方法为：加快触头的分离速度，如采用强力断路弹簧等；采用多断口增加电弧长度，电弧被拉长的速度也成倍增加，从而能提高灭弧能力。

（2）吹弧。大容量断路器中广泛利用气体产生的压力吹弧。吹弧作用使电弧强烈冷却和拉长，加速扩散，促使电弧迅速熄灭。

（3）利用固体介质的狭缝或狭沟灭弧，例如真空断路器。电弧与固体介质紧密接触时，固体介质在电弧高温的作用下分解而产生气体。狭缝或狭沟中的气体因受热膨胀而压力增大，同时由于附着在固体介质表面的带电质点强烈复合和固体介质对电弧的冷却使去游离作用显著增大。

3. 断路器的操动机构

断路器的操动机构直接影响分合闸动作的工作性能，因此对操动机构有很高的要求。

（1）动作可靠、稳定，制动迅速。在接到动作命令后，断路器操动机构必须准确可靠地动作；动作时间和分合闸速度满足该断路器技术指标要求，同时多次动作的动作参数应具备很好的重复性，分散性在规定范围内。

（2）有足够的操作能量，能够满足断路器的开断和关合要求。特别是面对短路故障产生的短路电流时，由于有巨大的电动力，关合存在很大的阻碍，如果关合不能到底，将严重烧伤触头和喷口，甚至导致灭弧室爆炸，因此要求操动机构必须有足够大的操作功来克服此电动力，迅速、可靠地完成分合闸动作。断路器在完全储能状态时，对于具备重合闸功能的断路器，储能需要保证操动机构可以完成一次重合闸操作，即分—合—分操作。

（3）防"跳跃"功能。当断路器关合有故障的电路时，断路器将自动分闸。若此时合闸命令还未解除，断路器分闸后将再次合闸，接着又会分闸。这种多次关合和开断短路故障的现象就称为"跳跃"。出现"跳跃"现象时，断路器多次反复关合和开断故障电流，造成触头严重烧伤，甚至会引起断路器爆炸事故。因此，断路器必须具备防"跳跃"功能。

（4）防慢分功能。慢分是指断路器在合闸状态下，液压机构突然失压，液压系统压力重建过程中，断路器缓慢分闸，造成慢分事故。运维人员验收时，必须熟悉各种失压慢分装置，以便紧急情况下作正确处理。

（5）机械闭锁装置。机械闭锁装置利用机械手段将工作缸活塞杆维持在合闸位置，待机械故障处理完毕后方可解除。

（6）分合闸位置闭锁。分合闸位置闭锁保证断路器在合闸位置时合闸回路断开而不能通电，在分闸位置时分闸回路断开而不能通电；高、低气（油）压闭锁，或弹簧到位闭锁，保证断路器只有在操动机构处在合格的气（油）压范围内才能动作或者在合闸弹簧拉紧后才能合闸。

（7）缓冲功能。断路器的分合闸速度很快，在合闸和分闸到底时要使高速运动触头平稳地停止下来，减少在制动时巨大冲击力的破坏作用，需要在操动机构上安装缓冲装置。

（8）具备三相不一致的功能。

（9）与保护及监控系统的接口功能。操动机构的控制回路和监控信号应与保护、监控系统接口，保护系统可控制操作，监控信号可完全传送给监控系统。

（10）足够的使用寿命，具备防火、防小动物、驱潮功能，对于动作特性受温度影响较大的液压机构或气动机构，还应具备温度自补偿功能。

目前常用的操动机构为弹簧操动机构、液压操动机构和液压弹簧操动机构，液压弹簧操动机构兼具液压和弹簧两种操动机构的优点，被高压断路器广泛采用，而气动操动机构由于运维复杂，逐步退出了历史舞台。

四、隔离开关

隔离开关无灭弧装置，不能用来分合负荷电流和短路电流，要与断路器配合使用，主要作用有：

（1）隔离开关在分闸位置，触头间有明显的断开标志和符合规定的绝缘距离，因此用来隔离有电和无电部分，使检修的设备与运行设备隔离，保证人员和设备安全。

（2）与断路器配合进行倒闸操作，改变电力系统运行方式。

（3）开断小电流等。

五、接地开关

1. 普通接地开关

普通接地开关的作用：当线路停电检修时，合上接地开关，保障检修人员的安全。

2. B系列接地开关

目前越来越多的输电线路采用同杆双回或多回线路，如果线路较长，线路间的耦合很严重，这样一条线路带电，另一条线路用接地开关去开合接地时，需要开合比较大的感应电压和感应电流，这种高开合参数的接地开关称为B系列或者超B类接地开关。此类型接地开关需要串联真空断路器或SF_6断路器以达到开合预期。

3. 快速接地开关

一般装设在隔离开关的出线侧，带有弹簧储能，接地时先储能，然后释放弹簧能量，实现快速接地。

4. 变压器中性点接地开关

变压器中性点接地开关属于单相接地开关，主要作用如下：

（1）使变压器中性点锁定为零电位，在三相负载不平衡时，避免中性点位移而造成相电压不平衡。

（2）可以在系统发生单相接地时为系统提供可靠通路，保障继电保护装置迅速可靠动作跳闸。

六、母线

（一）母线的作用

在进出线很多的情况下，为了便于电能的汇集和分配，应设置母线。一般具有四个分支以上时即应设置母线。母线的设置使接线简单，更便于扩建。

（二）母线的分类

母线分为硬母线和软母线两种。

1. 硬母线

硬母线按其截面形状可分为矩形母线、管形母线等。

矩形母线又称为母线排，矩形母线载流量大，通常用于中低压设备，如图 1-7 所示。管形母线通常和插销隔离开关配合使用，载流量稍小，用于高压设备，如图 1-8 所示。

2. 软母线

软母线多用于室外。室外空间大，导线间距宽，导线有所摆动也不至于造成相间距离不够。优点在于散热效果好，施工方便，造价较低。如图 1-9 所示。

图 1-7　矩形母线

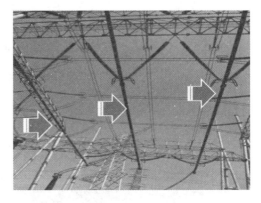

图 1-8　管形母线

图 1-9　软母线

七、电流互感器

(一) 电流互感器的作用

电流互感器将大电流变换成小电流,主要作用如下:

(1) 使测量仪表、继电保护装置等二次设备与高电压隔离,以保障人身和设备的安全。

(2) 使测量仪表、继电保护装置标准化和小型化,并降低了对二次设备的绝缘要求。

(3) 当电路上发生短路时,保护测量仪表的电流线圈,使它不受大电流的破坏。

(二) 电流互感器的分类

1. 按用途分类

(1) 测量用电流互感器:在正常电压范围内,向测量、计量装置提供电网电流信息。

(2) 保护用电流互感器:在电网故障时,向继电保护装置提供电网故障点电流信息。

2. 按绝缘介质分类

(1) 干式电流互感器:由普通绝缘材料浸渍绝缘漆作为绝缘。

(2) 浇注绝缘电流互感器:由环氧树脂或者其他树脂混合材料浇注成型。

(3) 油浸式电流互感器:由绝缘纸和绝缘油作为绝缘,是国内最常见的结构型式。

(4) 气体绝缘电流互感器:由 SF_6 气体作为主绝缘。

3. 按电流变换原理分类

(1) 电磁式电流互感器:依据电磁感应原理变换电流。

(2) 光电式电流互感器:通过光电变换原理实现电流变换。

4. 按照二次绕组所在位置分类

(1) 正立式:二次绕组在产品下部,是国内常见的结构型式,如图 1-10 所示。

(2) 倒立式:二次绕组位于产品头部,是近年来比较新型的结构型式,如图 1-11 所示。

图 1-10 220kV 正立式电流互感器

图 1-11 110kV 出线倒立式电流互感器

（三） 电流互感器的工作原理

电流互感器的构造与普通变压器类似，主要由铁芯、一次绕组和二次绕组等几个主要部分组成，电流互感器的二次额定电流一般为 5A 或 1A。

电流互感器二次侧只允许一个接地点。若有两个接地点则可能引起分流，使电气测量的误差增大或者影响继电保护装置的正确动作。

电流互感器和变压器在原理上的区别在于：

（1）电流互感器二次回路测量仪表和继电器的电流线圈阻抗很小，正常运行时，电流互感器在接近于短路的状态下工作，而变压器的低压侧不允许长期短路运行。

（2）电流互感器一次绕组中流过的电流就是被测电路的负荷电流，与二次绕组中的电流无关，一次电流起主导作用。

（3）电流互感器二次侧不允许开路。电流互感器的额定磁通密度只有 0.88~0.1T，一次电流产生的磁通大部分被二次电流平衡掉。如二次侧开路，一次电流将全部用来激磁，铁芯将过饱和，二次侧将会感应出高电压，同时铁芯将会过热。

（四） 电流互感器的主要参数

1. 额定电流比

电流互感器的额定电流比是指额定一次电流与额定二次电流之比。额定一次电流有 10A、12.5A、15A、20A、25A、30A、40A、50A、60A、75A 及其十进位倍数，二次电流有 1A 和 5A。

2. 二次绕组的数量

（1）多抽头电流互感器。这种型号的电流互感器一次绕组不变，在制造二次绕组时，其二次绕组用绝缘铜线套装于铁芯的绝缘筒上，将不同变比的二次绕组抽头引出，接在接线端子座上，形成多种变比，如图 1-12 所示。此类电流互感器的优点是可以根据负荷电流变比，调整二次接线端子的接线来改变变比，而不需要更换电流互感器。

（2）不同变比电流互感器。这种型号的电流互感器具有一个铁芯和一次绕组，而二次绕组则分别为两个匝数不同、各自独立的绕组，以满足同一负荷电流情况下不同变比、不同准确级的需要，如图 1-13 所示。

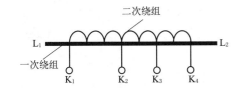

图 1-12 多抽头电流互感器

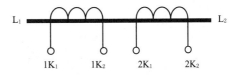

图 1-13 不同变比电流互感器

例如在同一负荷情况下，为了保证电能计量准确，要求变比较小一些（以满足负荷电流在一次额定值的 2/3 左右），准确级高一些；而对于继电保护装置，则要求变比较大一些，准确级稍低。

3. 准确级

准确级是指在规定的二次负荷变化范围内，一次电流为额定值时的最大电流误差。

（1）测量用电流互感器的准确级有 3、1、0.5、0.2、0.1、0.5S、0.2S、0.1S。仪表保安系数 FS 有 5、10。

带 S（special）的特殊电流互感器，要求在 $1\%\sim120\%$ 负荷范围内精度足够高，一般取 5 个负荷点测量其误差小于规定的范围，不带 S 的是取 4 个负荷点测量其误差小于规定的范围。

例如，0.2 级和 0.2S 级均是针对测量用电流互感器，其最大的区别是在小负荷时，0.2S 级比 0.2 级有更高的测量精度，主要使用于负荷变动范围比较大、而有些时候几乎空载的场合。在实际负荷电流小于额定电流的 30% 时，0.2S 级的综合误差明显小于 0.2 级电流互感器。

（2）稳态保护电流互感器常用的准确级有 5P 和 10P。5P20 的含义为：该保护 TA 一次流过的电流在其额定电流的 20 倍以下时，此 TA 的误差应小于 $\pm5\%$。

（3）暂态保护电流互感器的准确级有 TPS、TPX、TPY、TPZ。

4. 容量

电流互感器的容量是指在二次额定电流和二次额定阻抗下运行时，二次绕组输出的容量。标准值有 1VA、2.5VA、3.75VA、5VA、7.5VA、10VA、15VA、20VA、25VA、30VA、40VA、50VA、60VA、80VA、100VA。电流互感器的二次额定阻抗通常由厂家提供。

（五）电子式电流互感器

传统电磁式互感器存在测量精度低、动态响应范围小、安全性能差、模拟量输出等问题，其性能无法满足智能变电站的需要。电子式互感器的基本分类如图 1-14 所示。

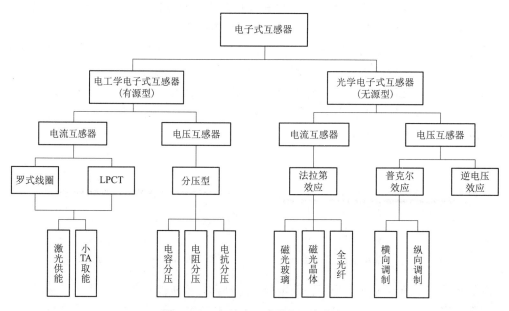

图 1-14　电子式互感器的基本分类

纯粹基于电工技术的电子式互感器的测量原理是利用罗氏线圈或低功耗铁芯线圈采集电流量，互感器转变后的电流模拟量由采集器就地转换成数字信号。采集器与合并单元

(以下简称 MU）间的数字信号传输及激光电源的能量传输全部通过光纤来进行。通常采用 4 芯尾纤，2 芯分别提供给 2 套独立的双重化保护，1 芯负责提供能量，1 芯备用。电子式互感器的工作电源通常采用激光电源和取能线圈的双电源方式，即一次电流 10A 以上的用取能线圈做电源，一次电流 10A 以下的用激光电源。

基于光学传感器技术的电子式电流互感器，利用法拉第磁光效应，即光波在通电导体的磁场作用下，光的偏振平面旋转角发生线性变化，从而检测出对应的电流大小。其主要优势是产生的光测量信号可直接光纤传输，不需一次电源，结构简单，安装方便。

新型电子式互感器相对于普通电磁式互感器而言具有以下优点：

（1）高、低压侧完全隔离，造价低，安全性高，具有优良的绝缘性能。

（2）不含油，没有易燃易爆等危险，体积小、重量轻。

（3）不含铁芯，消除了磁饱和、铁磁谐振等问题，从而使互感器运行暂态响应好、稳定性好，保证了系统运行的高可靠性。

（4）通过光纤传输信号，抗电子干扰能力强，且不存在低压侧开路的危险。

（5）动态响应范围大，测量精度高。

（6）频率响应范围较宽。

（7）适应了电力计量与保护数字化、微机化和自动化的发展潮流。

（8）节约大量二次电缆，减少投资。

八、电压互感器

（一）电压互感器的作用

电压互感器将高压变换成低压，便于各种保护、测量、计量装置使用。

（二）电压互感器的分类

1. 按用途分类

（1）测量用电压互感器：在正常电压范围内，向测量、计量装置提供电网电压信息。

（2）保护用电压互感器：在电网故障时，向继电保护装置提供电网故障电压信息。

2. 按绝缘介质分类

（1）干式电压互感器：由普通绝缘材料浸渍绝缘漆作为绝缘，多用于 500V 及以下低压等级。

（2）浇注绝缘电压互感器：由环氧树脂或者其他树脂混合材料浇注成型，多用于 35kV 及以下电压等级。

（3）油浸式电压互感器：由绝缘纸和绝缘油作为绝缘，是国内最常见的结构型式，常用于 35kV 及以上电压等级。

（4）气体绝缘电压互感器：由 SF_6 气体作为主绝缘，多用于电压较高等级。

3. 按电压变换原理分类

（1）电磁式电压互感器：依据电磁感应原理变换电压，主要用于 35kV 及以下电压等级的户外敞开式设备与开关柜上，以及 110kV 和 220kV 的 GIS 设备上。

（2）电容式电压互感器：通过电容分压原理变换电压，35kV 及以上各电压等级均有

采用，330～750kV 电压等级只使用电容式电压互感器。

（3）光电式电压互感器：通过光电变换原理实现电压变化。

（三）电压互感器工作原理

电压互感器从结构上来看就是一种小容量、大电压比的降压变压器，主要由铁芯、一次绕组和二次绕组等几个主要部分组成，电压互感器的二次额定电压一般为 100V 或 $100/\sqrt{3}$ V。一次绕组与被测一次设备并联，二次一般由 2～4 个绕组供保护、测量及自动装置使用。在三相电力系统中广泛应用的三绕组电压互感器有 2 个二次绕组：一个称为基本二次绕组，接各种测量仪表和电压继电器；另一个称为辅助绕组，接成开口三角形，引出两个接线端子接电压继电器，组成零序电压保护电路。

此外，由于电压互感器的一次侧与线路有直接连接，其二次绕组及辅助绕组（开口三角）的一端必须接地，以免线路发生故障时，在二次绕组和辅助绕组上感应出高电压，危及仪表、继电保护装置和人身安全。电压互感器一般是以中性点接地，若无中性点，则一般是采用 N 相接地。

电压互感器和变压器在原理上的区别在于：

（1）电压互感器一次侧电压就是电网的额定电压，不受二次侧负荷的影响，在大多数情况下，二次侧负荷是恒定的。

（2）电压互感器二次回路的负荷主要是测量表计的电压线圈和继电保护及自动装置的电压线圈，其阻抗很大，二次电流很小，正常运行时，电压互感器在接近于空载的状态下工作，二次电压基本上等于二次电动势。

（3）电压互感器二次侧不允许短路。电压互感器在正常工作时，二次电压有 100V 且负载是阻抗很大的仪表电压线圈，短路后，二次回路阻抗仅仅是二次绕组的阻抗，二次回路将产生很大的短路电流，影响测量仪表的指示，造成继电保护装置的误动，甚至烧坏互感器。

（四）电压互感器的主要参数

在日常工作中，主要关注电压互感器的额定电压比、准确级及容量等。

1. 额定电压比

电压互感器的额定电压比是指额定一次电压与额定二次电压之比。

2. 准确级

准确级分为测量用准确级和保护用准确级。测量用准确级是以在规定的额定电压和额定负荷下的最大允许电压误差百分数来标称的，准确级通常分为 0.1、0.2、0.5、1、3 这 5 个等级：0.5 和 1 级一般用于测量设备；计量电能表根据用户的不同，采用 0.1 级或 0.2 级；3 级则用于非精密测量。保护用准确级是以该准确级自 5% 额定电压与额定电压因数相对应电压范围内的最大允许电压误差百分数来标称的，其后标以字母 P，准确级有 3P 和 6P，一般只有零序电压绕组有此参数要求。

3. 容量

容量是指在二次额定电压和二次额定阻抗下运行时，二次绕组输出的容量。标准值有 25VA、50VA、100VA 及其十进制倍数。

（五）电子式电压互感器

纯粹基于电工技术的电子式电压互感器的测量原理是分压器件（容式、感式、阻式）采集电压量，互感器转变后的电压模拟量由采集器就地转换成数字信号。采集器 MU 间的数字信号传输及激光电源的能量传输全部通过光纤来进行。

基于光学传感器技术的电子式电压互感器利用普克尔电光效应，根据电光调制原理，在调制光电传感器中，外加电压沿晶体通光方向施加，采用偏振干涉法，测量两束偏振光的相位差得出被测电压的大小。

九、开关柜

（一）开关柜的定义

开关柜是成套配电装置的一种，将高压断路器、高压熔断器、隔离开关、接地开关、互感器、避雷器，以及控制、测量、保护装置和辅助设备装配在全封闭或者半封闭式的金属柜体内。

开关柜采用的绝缘介质以空气或 SF_6 气体为主。

（二）开关柜的分类和结构

开关柜按照采用的绝缘介质可以分为空气绝缘柜和 SF_6 气体充气柜。按照断路器安装方式分为移开式（手车式）和固定式。手车式开关柜柜内的主要电气元件是安装在可抽出的手车上的，由于手车柜有很好的互换性，因此可以大大提高供电的可靠性。目前广泛采用的空气绝缘柜主要采用手车式。下面以手车式空气绝缘柜为例介绍开关柜的基本结构及其作用。

（三）手车式空气绝缘柜的基本结构及其作用

1. 柜体

柜体按照柜内主要功能元件分隔为小车室、主母线室、电缆室（电流互感器室）和继电保护室。除了继电保护室以外，其他各个隔室均应设置事故排气通道并装有压力释放装置，压力释放方向应避开人员正常巡视区域和其他设备。

小车室的底部设有小车轨道，供小车在柜内运动。主母线室、电缆室与小车之间装有断路器静触头盒，通过上下静触头相通。当小车在试验或检修位置时，活动挡板将静触头盖住，形成有效隔离；当小车从试验位置向工作位置移动时，活动挡板自动打开。

主母线室安装有三相矩形铜母线。每个开关柜的主母线室经套管连通，运行时各柜的主母线室相互隔离，避免单台开关柜发生故障导致事故扩大。

电缆室根据主回路方案的需要，可以安装电流互感器、接地开关、带电显示装置和固定主电缆用的构架、附件等。

继电保护室用于安装继电保护、控制等二次元件。继电保护室的门上可以安装需要观察的仪表装置、经常操作的开关和嵌入式继电器等。

2. 小车

根据小车上配置的主回路元件的不同，可以有断路器小车、电压互感器小车、隔离小车等。同规格小车保证互换。小车在柜内有试验位置和工作位置两个位置。小车的推进

（退出）采用梯形螺纹螺杆机构，操作轻便、灵活。中置式小车移出柜外时，需要配置专用的转运小车。

3．联锁装置

（1）断路器小车在试验或工作位置，断路器才能进行分合闸操作；断路器合闸后，小车将无法运动，防止带负荷推拉小车。

（2）当接地开关处在分闸位置时，小车才可以从试验位置向工作位置移动；仅当小车处于试验位置时，接地开关才可以进行合闸操作。

（3）接地开关没有合闸，柜前下门和柜后门都无法打开，从而防止误入带电间隔。

（4）开关柜柜体与小车的二次线路是通过二次插头（航空插头）实现连接的。二次插头通过一根波纹伸缩管与小车连接。如果二次电源没有接通，断路器的合闸机构可以被电磁锁锁定（断路器选择配置闭锁线圈）。此时，断路器小车在二次插头没有插好之前，只能进行分闸操作，而无法合闸。

4．带电显示装置

开关柜一般配置有带电显示装置，不但可以显示主回路的带电状态，而且可以与电磁锁配合，实现对开关柜手柄、柜门等的强制闭锁，达到防止带电关合接地开关、防止误入带电间隔的目的，从而提高了开关柜防误性能。

5．接地装置

开关柜在电缆室设置了可以与邻柜贯通的主接地干线，主接地干线与柜体结构有良好的导电接触，并通过柜体与小车保持良好的电连续性。

十、避雷器

（一）避雷器的作用

避雷器是一种能释放过电压能量，限制过电压幅值的保护设备，能保护电气设备绝缘免遭雷电过电压或操作过电压的侵害。

使用时，将避雷器安装在带电导线和大地之间，与被保护设备并联，在正常情况下，避雷器呈现高阻状态；当作用在避雷器上的电压达到避雷器的动作电压时，避雷器立即动作，通过大电流释放电压能量并将过电压限制在一定水平，以保护设备的绝缘。电压值正常后，避雷器又迅速恢复原状。

（二）避雷器的分类

避雷器的主要类型有阀型避雷器和氧化锌避雷器等。每种类型避雷器的主要工作原理是不同的，但是它们的工作实质是相同的，都是为了保护电力设备不受过电压的损害。2000 年前后，阀型避雷器是变电站最主要的防雷保护装置，由于氧化锌避雷器具有无间隙、无续流、残压低等优点，目前电力系统中广泛应用的是氧化锌避雷器。在此重点介绍氧化锌避雷器的主要参数。

（三）氧化锌避雷器的主要参数

1．持续运行电压

持续运行电压指允许持久地施加在避雷器端子间的工频电压有效值，即允许长期工作的电压。它应等于或大于系统的最高相电压。

2. 持续运行电流

持续运行电流指施加持续运行电压时流过避雷器的电流。

3. 额定电压（kV）

额定电压即允许短时最大工频电压，它是避雷器特性和结构的基本参数，也是设计的依据。额定电压不等于系统的标称电压。

4. 工频耐受伏秒特性

工频耐受伏秒特性用来表明金属氧化物避雷器在规定条件下耐受过电压的能力。

5. 标称放电电流（kA）

标称放电电流指用于划分避雷器等级的放电电流峰值。一般有20kA、10kA、5kA、2.5kA、1.5kA、1kA共6级。

6. 残压

残压是指避雷器在冲击电流作用下，避雷器两端的最大电压峰值。它分为雷击冲击残压、操作冲击残压和陡波残压三类。

十一、并联电容器

（一）并联电容器的作用

并联电容器也称为移相电容器，是一种无功补偿设备。它主要用于补偿感性负载的无功功率，提高系统的功率因数，改善电压质量，降低线路损耗。一般采取集中补偿的方式，将并联电容器接在变电站的中、低压侧，补偿变电站的无功功率，使用中常与有载调压变压器配合，以提高电力系统的电压质量。

（二）并联电容器的分类

1. 按照电容器熔丝的安装位置分类

（1）外熔丝电容器：熔丝位于电容器单元的外部。

（2）内熔丝电容器：熔丝置于电容器单元的内部。

2. 按照电容器芯子的安装型式分类

（1）单元式高压并联电容器。

（2）集中式高压并联电容器。

（3）箱式高压并联电容器。

（三）并联电容器成套装置的构成

并联电容器成套装置除电容器外还包括串联电抗器、放电线圈、避雷器、接地开关等元器件。

1. 串联电抗器

为了有效抑制电容器合闸涌流，降低操作过电压，抑制高次谐波对电容器组的影响，采用串联电抗器。

串联电抗器可安装在电容器组的中性点侧或电源侧。当接在中性点侧时，串联电抗器承受电压低，不受短路电流的冲击，对热动稳定没有特殊要求，铁芯电抗器可采用这种方

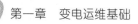

式接入。当接在电源侧时，它可减少电容器的短路电流，空心电抗器可采用这种方式接入。

2. 放电线圈

用于释放电容器内部的储能，在电容器组脱离电源后，能在 5s 内将电容器组上的剩余电压降到 50V 以下，同时还能满足继电保护的需要。

3. 避雷器

避雷器与电容器并联，以限制投切电容器所引起的操作过电压。

4. 接地开关

接地开关一般采用四联刀闸，将并联电容器三相以及中性点接地。

（四）并联电容器的主要参数

1. 型号

并联电器的型号可表示为 TBB①-②/③-④⑤。

其中：T—成套装置。

BB—并联补偿。

①—装置的额定电压，kV。

②—装置的额定容量，kvar。

③—装置所采用单元电容器的额定容量，kvar。

④—"A"表示装置采用单星形接线；"B"表示装置采用双星形接线。

⑤—"K"表示开口三角电压保护；"C"表示相电压差动保护；"L"表示中性点不平衡电流保护。

例如：TBB 10 - 3000/334 - AK，表示系统电压为 10kV，由单台容量为 334kvar 组成的，总容量为 3000kvar，采用单星形接线方式，开口三角电压保护的高压并联电容器组成套补偿装置。

2. 电抗率

仅用于限制涌流时，电抗率可取 0.1%～1%；用于抑制 5 次及以上谐波时，电抗率可取 4.5%～6%；用于抑制 3 次及以上谐波时，电抗率可取 12%～13%。一般串联电抗器的额定电抗率为 5% 或 12%。

3. 接线原理图

通过接线原理图可以清楚地分析出电容器组成套装置的接线方式。

十二、电抗器

（一）电抗器的分类及作用

1. 按作用分类

（1）限流电抗器：电力系统容量越来越大，导致系统短路电流可能达到很大的数值，使得系统中的电气设备难以选择，因此必须采用电抗器限制系统的短路电流。在降压变电站 6～10kV 配电装置中，限流电抗器的主要作用是限制电网的短路电流，以便选择轻型电气设备和截面较小的电缆，提高母线的残压，减少短路对负荷的影响。

（2）并联电抗器：并联电抗器是并接于电力系统上的大容量的电感线圈，它的作用是补偿高压输电线路的电容和吸收其无功功率，防止电网轻负荷时因容性功率过多引起的电压升高。

2. 按结构及绝缘介质分类

分为油浸式电抗器、干式空心电抗器和干式铁芯电抗器，分别如图 1-15～图 1-17 所示。

图 1-15　油浸式电抗器　　　　图 1-16　干式空心电抗器　　　　图 1-17　干式铁芯电抗器

（二）电抗器的主要参数

1. 额定电压

额定电压指电抗器所接入的电力系统的额定电压。

2. 额定容量

额定容量指电抗器在工频额定端电压和额定电流时的视在功率。

单相电抗器的额定容量 $S=UI$。

三相电抗器的额定容量 $S=3UI$。

3. 额定电抗

额定电抗指电抗器通过工频额定电流时的电抗值。

十三、站用变压器

（一）站用变压器的作用

对于 330～500kV 变电站：有 2 台及以上主变压器时，从主变压器低压侧引接的站用变压器不宜少于 2 台，并装设 1 台从站外可靠电源引接的专用备用变压器；初期只有 1 台主变压器时，除由站内引接 1 台变压器外，应再设置 1 台由站外可靠电源引接的站用变压器。

对于 220kV 变电站：有 2 台及以上主变压器时，宜从主变压器低压侧分别引接 2 台容量相同、可互为备用、分列运行的站用变压器；只有 1 台主变压器时，其中 1 台站用变压器宜从站外电源引接。

对于 35～110kV 变电站：有 2 台及以上主变压器时，宜装设 2 台容量相同、可互为备用的站用变压器，2 台站用变压器可分别由主变压器最低电压级的不同母线段引接，如有可靠的 6～35kV 电源联络线，也可将 1 台接于联络线断路器外侧；如能从变电站外引入可靠的低压站用备用电源时，亦可装设 1 台站用变压器。只有一回电源进线时，如果采用交流控制电源，宜在电源进线断路器外侧装设 1 台站用变压器；如果采用直流控制电源，并且主变压器为自冷式时，可在主变压器最低电压级母线上装设 1 台站用变压器。

站用变压器作用如下：

（1）提供变电站内的生活、生产用电。

（2）为变电站内的设备提供交流电，如保护屏照明和打印机电源、高压开关柜内的加热、照明和储能电机、主变压器有载机构等。

（3）为直流系统充电。

（二）站用变压器主要参数

1. 额定容量

站用变压器所带负荷为站内的生活、生产用电，一般用电负荷不会太大，虽然正常运行时 2 台站用变压器基本各带一半负荷，但根据《220kV～1000kV 变电站站用电设计技术规程》（DL/T 5155—2016）要求，每台站用变压器按全所计算负荷选择。

2. 额定电压

高压侧有分接头，一般分接范围为 $\pm 2 \times 2.5\%$，无载调压。高压侧一般为 10kV、35kV、66kV。

3. 联接组别

站用变压器联接组别一般为△/Yn11。

十四、消弧线圈及小电阻

（一）消弧线圈的作用

在中性点不接地的电网中，架空线、电缆、母线和变配电设备对地电容电流是不能忽视的。电容电流值与系统电压、线路长度等成正比。若这一电流达到一定数值，遇有系统单相接地时，弧光电流不易熄灭。这时电力系统可能引起电磁能的强烈振荡、中性点位移，不接地的两相将产生很高的过渡过电压，危及网络中绝缘薄弱环节。

在 6～110kV 的不接地电网中，当电容电流较大时，可考虑在变压器中性点上装设消弧线圈补偿，其作用有：

（1）迅速消除单相接地故障，免除电力系统受弧光接地过电压的危害。

（2）允许电网带单相接地故障持续运行几个小时，可利用这段时间查明和消除故障。

（3）在过补偿条件下，能使线路断线时不发生共振现象，降低过电压倍数。

（二）消弧线圈的工作原理

消弧线圈是一个具有铁芯的可调电感线圈，一般接在变压器或发电机的中性点与大地之间。当系统发生单相接地故障时，可形成一个与接地电容电流方向相反的电感电流，电感电流对接地的电容电流起补偿作用，使其减少或接近于零，从而消除了接地点的电弧，避免了危险。

（三）消弧线圈的选择

选择时要按运行条件计算出安装地点的电容电流，还要考虑到线路的发展而留有一定的备用量。补偿电流的选择要使接地时通过故障点的电流和中性点移位为最小。

（四）小电阻的作用

电缆线路的增多，使系统电容电流的数值大幅度增加，如仍以消弧线圈接地为主要运行方式，过补偿的条件就会很难实现，应当在配电网改造中推行小电阻接地的运行方式。而架空线路的绝缘化改造较好地解决了瞬时性故障和供电可靠性的问题，为实行配电网中性点经小电阻接地运行方式创造了有利条件。小电阻如图 1-18 所示。

配电网中性点经小电阻接地运行方式能够降低单相接地故障时非故障相的电压升高，限制发生单相接地故障后产生的暂态过电压倍数，配合继电保护装置，可以有选择地迅速切除单相接地故障，克服了中性点不接地或经消弧线圈接地系统存在的一些问题。

图 1-18 小电阻

（五）小电阻阻值的选择

中性点接地电阻阻值的选择主要考虑限制过电压倍数的要求、零序保护灵敏度、对通信线路的干扰及用电安全等因素，并根据各地配电网的具体情况因地制宜地进行选择。

（六）消弧线圈和小电阻的接入方法

（1）主变压器低压侧为 Y0 接线，中性点消弧线圈或接地电阻可直接接入主变压器中性点。

（2）主变压器低压侧为△接线，需要增加一台 Z 型接地变压器，建立一个中性点，中性点消弧线圈或接地电阻直接与接地变压器的中性点连接。

（七）小电阻接地和消弧线圈接地对比

（1）中性点经小电阻接地与中性点经消弧线圈接地在原理上截然不同。消弧线圈是感性谐振元件，是通过感性电流与容性电流的相互补偿，将系统发生单相接地故障时的故障电流限制在较小（<10A）的范围内，使故障点易于熄弧，同时使系统可在发生单相接地故障时短时间运行，不破坏系统的对称性。中性点接地电阻是一个耗能元件，是电网对地电容能量（电荷）的泄放通道，又是系统谐振的阻尼元件，单相接地故障时，通过故障点的电流较大，可以利用继电保护迅速切除故障线路。

（2）系统发生单相接地故障时，小电阻接地方式下非故障相的稳态电压升高比采用中性点不接地或经消弧线圈接地方式的稳态电压升高稍低。

（3）由于小电阻显著的阻尼作用，可消除由于各种原因引起的系统谐振过电压（如铁磁谐振、高频谐振、分频谐振、断线谐振、线性谐振等），采用小电阻接地是消除频繁发生的 TV 谐振过电压的最有效的办法。

（4）小电阻接地方式能有效限制系统单相接地故障时的过电压倍数。

（5）中性点经小电阻接地与线路零序保护配合，可准确地判断出故障线路并迅速切除故障，这一特点特别适合以电缆线路为主的城市配电网。有效避免了为寻找接地故障线路进行的大量拉、合闸操作。

（6）故障时由于及时切除电源，可大大减少发生人身安全事故的可能。

（7）中性点电阻对系统正常运行时的中性点位移电压具有抑制作用（消弧线圈对中性点位移电压是放大作用），使中性点位移电压减小。

（8）中性点经小电阻接地方式，在选择合适的接地电阻阻值后可以适应一定范围的运行方式变化及电网的发展，此时不需要调整接地电阻，只需对继电保护的定值加以调整。

（9）采用中性点经小电阻接地方式，有利于无间隙避雷器在配电网中的使用，采用无间隙避雷器既可以限制系统内的过电压水平，又可以降低雷电冲击过电压水平，这样就可以降低系统设备的绝缘水平或使现有的设备相应地增加绝缘裕度，延长使用寿命，具可观的经济效益。

第三节　变电站二次设备

二次设备是指对一次设备的工作状况进行监视、测量、控制、保护、调节所需要的电气设备，如监控装置、继电保护装置、自动装置、信号器具等，通常还包括电流互感器、电压互感器的二次绕组引出线和站用交、直流电源。

二次设备是变电站的重要组成部分，一次设备固然重要，但二次设备也是必不可少的，因为一次设备和二次设备构成一个整体，只有二者都处在良好的状态，才能保证电力系统的安全，尤其是在大型的、现代化的电网中，二次设备的重要性更显突出，二次设备的故障和异常运行都会破坏或影响电网的正常运行。二次设备虽非主体，但它在保证电力生产的安全、向用户提供合格的电能等方面都起着极为重要的作用，成为电力系统安全、经济、稳定运行的重要保证。

变电站综合自动化是将变电站的二次设备（包括测量仪表、控制系统、信号系统、继电保护、自动装置和远动装置）经过功能组合和优化设计，利用先进的计算机技术、电子技术、通信技术和信号处理技术，实现对全变电站的主要电气设备和输、配电线路的自动控制、自动监视、测量和保护，以及实现与运行和调度通信相关的综合性自动化功能。目前，我国变电站综合自动化系统的基本功能主要体现在监控子系统和保护及自动控制子系统的功能中。

一、监控子系统的构成及作用

（一）数据采集

数据采集是指对一、二次运行设备的各种状态信息进行采集，变电站采集的数据有模拟量、开关量和电能量。

1. 变电站需采集的模拟量

（1）各段母线电压、频率。

（2）各条输电线路电压、电流、相位、有功功率、无功功率。

（3）主变压器各侧电流、有功功率、无功功率。

（4）电容器电流、无功功率。

（5）主变压器油温。

（6）直流电源电压、电流。

（7）站用变压器低压侧电压、电流、有功功率、无功功率。

（8）有载调压变压器分接头的位置。

2. 变电站需采集的开关量

（1）断路器的状态。

（2）断路器的远方、就地操作状态。

（3）隔离开关的状态。

（4）接地开关的状态。

（5）继电保护及自动装置动作信号。

（6）继电保护及自动装置运行异常告警信号。

（7）断路器的气压、液压及操作异常告警信号。

（8）变压器的强油循环或通风异常告警信号。

3. 变电站需采集的电能量

（1）各条线路的有功电能、无功电能。

（2）主变压器各侧的有功电能、无功电能。

（3）站用变压器的有功电能。

（二）事件顺序记录

事件顺序记录包括断路器跳合闸记录、保护及自动装置动作记录、各种异常告警记录等，以事件发生的时间为序进行自动记录，便于事故后对断路器和保护的动作行为进行分析，便于事故调查和分析。监控系统和微机保护装置的采集环节必须有足够的内存和精度，能存放足够数量或足够长时间段的事件顺序记录，确保当后台监控系统或远方集中控制中心通信中断时不会丢失事件信息。

（三）安全监视

安全监视是指监控系统对采集的电流、电压、频率、主变压器温度等模拟量设定警告限值，在运行中不断进行越限监视，如发现越限，立刻发出告警信号，同时记录和显示越限值和越限时间。另外，监控系统还要监视各子系统之间、各自动装置之间的通信是否正常。

（四）数据统计与处理

数据统计与处理功能包括：

（1）运行数据计算和统计。电量累加、分时统计，运行日报、月报，最大值、最小值、负荷率、电压合格率的统计。

（2）遥信信号的监视和处理。遥信变位次数统计、变位告警。

（3）限值监视和报警处理。多种限值、多种报警级别、多种告警方式（声响、语音）、告警闭锁和解除。

（五）控制

控制是指具有综合自动化系统的变电站，操作人员可以在变电站、集控中心或调度中心通过监控系统对断路器和隔离开关进行分合闸操作；对变压器分接开关位置进行调节控制；对电容器组进行投切控制。为防止监控系统故障时无法操作被控设备，设计中都保留了就地手动操作的功能。

（六）防误闭锁

1. 防误闭锁装置的功能（简称"五防"）

（1）防止误分、误合断路器。

（2）防止带负荷拉、合隔离开关或手车。

（3）防止带电挂地线或带电合接地开关。

（4）防止带地线（接地开关）合断路器（隔离开关）。

（5）防止误入带电间隔。

除以上五点外，防止操作人员高空坠落、误登带电架构、避免人身触电，也是倒闸操作中需注意的重点。

2. 防误闭锁方式

常规防误闭锁方式主要有微机"五防"闭锁、计算机监控逻辑闭锁、电气闭锁、机械闭锁、电磁闭锁、程序锁等方式。程序锁技术目前已经淘汰，在此不再赘述。

（1）微机"五防"闭锁。微机"五防"闭锁装置是一种基于计算机控制技术的"五防"闭锁系统，需要有防误操作软件和一定的计算机硬件支持。它主要是由电脑模拟盘、电脑钥匙、电编码锁、机械编码锁等部分组成。此装置以电脑模拟盘为核心设备，在主机内预先储存所有设备的操作原则，预演模拟时按照"五防"逻辑要求对每一项操作进行判断。预演结束后，可通过防误主机上的传输座，将正确的操作内容输入到具有操作程序读写功能的电脑钥匙中，然后到现场用电脑钥匙进行操作。操作时，利用电脑钥匙对相关的断路器、隔离开关和接地开关等电气设备进行解锁操作，实现对所有一次设备的操作强制闭锁功能。

使用微机"五防"闭锁装置时重要的一点是，必须保证模拟盘与现场设备的实际位置完全一致，这是进行防误逻辑判断的关键所在。除地线和网门外，微机"五防"中的设备位置主要依托于计算机监控系统，如断路器、隔离开关等位置信息需要与计算机监控系统共享数据资源，所以有些微机"五防"闭锁系统与计算机监控系统共用工作站，未设置独立的微机"五防"后台。由于目前微机"五防"系统多是由单独的设备供应商提供，如果要与计算机监控系统共用工作站，需要考虑"五防"操作系统与计算机监控操作系统的兼容性问题。

（2）计算机监控逻辑闭锁。计算机监控逻辑闭锁实现原理与微机"五防"闭锁装置相似，其防误逻辑库信息均来自计算机监控系统，利用计算机监控系统内置的防误闭锁逻辑进行逻辑判断，实现对主设备闭锁，理论上与微机防误闭锁装置相比，减少了一些中间环节，实现起来应当方便。但由于计算机监控系统未配置电脑钥匙，一般需要依托于传统的电气、机械闭锁方式实现对手动操作设备的有效闭锁。此类系统还处于不断完善和发展的阶段，目前还不能替代微机"五防"闭锁装置。虽然部分监控系统增加了电脑钥匙数据输出设备，但相较于独立的微机防误闭锁装置而言，电脑钥匙、锁具制作、数据传输等技术还需进一步发展完善。

（3）电气闭锁。电气闭锁是利用相关断路器、隔离开关的电气辅助接点串、并联联接起来，接通或断开电气操作电源，从而达到闭锁目的的一种闭锁装置，普遍应用于断路器与隔离开关、电动隔离开关与电动接地开关闭锁中，可靠实现了"五防"中的第（2）～第（4）条内容。广义上的电气"五防"闭锁应为纵向＋横向闭锁回路，即以双母线接线为例，母线接地开关的位置应与该母线上所有隔离开关的操作相联锁；母线倒闸操作时，由母联间隔断路器、母线隔离开关位置与其余间隔母线隔离开关操作相联锁，由此可见，如果母线上进出线回路比较多，母线接地开关和母联隔离开关的闭锁回路所需的连接电缆非常多，二次接线相当复杂，因此根据《电业安全工作规程（发电厂和变电所电气部分）》（DL 408—1991）以及各网省公司下达的防误操作系统配置原则的规定，防误操动机构力求简单、可靠、操作维护方便：敞开式设备电气闭锁仅需考虑单元电气闭锁，即从设计上仅需实现纵向电气闭锁功能即可；GIS设备由于布置紧凑，应具备完善的电气闭锁功能。

（4）机械闭锁。机械闭锁是靠机械结构制约而达到闭锁目的的一种闭锁装置，即当一元件操作后另一元件才能操作，如隔离开关与接地开关之间的半月板或机械连杆等闭锁方式。机械闭锁只能在隔离开关与本地的接地开关或者是在断路器与本地的接地开关间实现闭锁，如果与其他的断路器或隔离开关实现闭锁，使用机械闭锁就难以实现。为了解决这一问题，常采用电磁闭锁和电气闭锁。

（5）电磁闭锁。电磁闭锁是利用断路器、隔离开关、设备网门等设备的辅助触点，接通或断开隔离开关、设备网门的电磁锁电源，从而达到闭锁目的的一种闭锁装置。

二、保护及自动控制子系统的构成及作用

（一）继电保护及自动装置

继电保护及自动装置的作用是当电力系统发生故障时，能自动、快速、有选择地切除故障设备，减小设备的损害程度，尽可能的缩小停电范围，保证电力系统的稳定，增加供电的可靠性；及时反映主设备的不正常工作状态，提示运维人员关注和处理，保证主设备的完好及系统的安全。

继电保护及其自动装置是按电力系统的单元进行配置的，由断路器隔离的一次电气设备构成一个电气单元（也称元件）。断路器可以将电力系统分隔为各种独立的电气单元，如变压器、母线、线路等。一次设备被分隔为各种电气单元，相应就有了各种电气单元的继电保护装置，如变压器保护、母线保护、线路保护等。

（二）备用电源自动投入装置

备用电源自动投入装置是因电力系统故障或其他原因使工作电源被断开后，能迅速将备用电源或备用设备自动投入工作，使原来的工作电源被断开的用户能迅速恢复供电的一种自动控制装置，简称备自投。在电力系统中采用备自投装置，可以大大提高供电的可靠性。

对备自投装置的基本要求如下：

（1）要求工作电源确实断开后，备用电源才允许投入。

（2）工作电源失压时，还必须检查工作电源无电流，才允许启动备自投装置，以防止TV二次回路断线造成失压，从而引起备自投装置误动。

（3）当工作母线和备用母线同时失去电压时，即备用电源不满足有压条件时，备自投装置不应动作。

（4）应具有闭锁备自投装置的功能。

（5）备自投装置的动作时间以使负荷的停电时间尽可能短为原则。

（6）备自投装置只允许动作一次。

（三）自动重合闸装置

自动重合闸装置是将因故障跳开后的断路器按需要自动投入的一种自动装置，主要用于输配电线路二次系统中，对线路断路器的非手动（包括遥控）分闸进行重新合闸操作。电力系统采用自动重合闸装置，能够补救保护误动、人员误碰、机构失灵导致的断路器误跳闸，提高系统运行的稳定性和可靠性，减少停电损失。

自动重合闸按作用于断路器的方式，可分为三相重合闸、单相重合闸和综合重合闸三种。

对自动重合闸装置的基本要求如下：

（1）在下列情况下，重合闸不应动作：由运行值班员手动跳闸或无人值班变电站通过远方遥控装置跳闸时；当按频率自动减负荷装置动作时或负荷控制装置动作跳闸时；当手动合闸送电到故障线路上而保护动作跳闸时；母差保护或断路器失灵保护动作时；当备自投（或互投）装置动作跳闸时或断路器处于不正常状态而不允许实现重合闸时。

（2）除上述情况外，断路器由于继电保护动作或其他原因跳闸后，重合闸装置应动作，使断路器重新合上。

（3）重合闸装置在动作后，均应能够自动复归，准备好下一次再动作，但动作次数应符合预先的设定。

（4）重合闸装置应能够和继电保护配合实现重合闸前加速或后加速功能。

（5）在双侧电源的线路上，重合闸启动条件应受到同期检定或无压检定的限制，且不可造成非同期重合并网。

（6）重合闸的启动方式一般采用不对应启动。

（7）重合闸动作应具备延时功能。

（8）重合闸装置充电时间应在 15～25s，放电越快越好。

（四）低频低压减载装置

电力系统内发生事故，有时会带来严重的有功功率缺额和无功功率缺额。对于无功功率缺额，可用迅速增加无功功率（如强行励磁）的方法来解决，使系统电压尽快恢复正常；有功功率缺额严重时，有时需要解除一定的负荷来减轻缺额的程度，使系统的频率保持在允许范围之内。因此，当电力系统发生事故造成较大的功率缺额时，应根据频率和电压的下降程度，迅速分轮次断开部分负荷，以保证电力系统的稳定运行，即按频率或电压下降的不同程度，自动断开相对不重要的用户用电，以阻止频率、电压的下降，这就是低频低压减载装置的功能。

（五）故障记录、故障录波和测距

电力系统中，在 220kV 及以上的变电站和 110kV 重要变电站中，应装设专用的故障录波装置，当发生故障或系统振荡时可靠启动，记录系统中有关的电气参数，通过对所录的波形和数据进行分析。

1. 目的

（1）正确分析事故原因，清楚了解系统的情况，及时处理事故。录波装置所录的故障过程波形图可以正确反映故障类型、相别、电流电压数值、断路器跳合闸时间及重合闸是否成功等情况，从而可以分析确定事故原因，研究制定有效的反事故措施。

（2）根据录取的波形图，可以正确评价继电保护装置及自动装置动作的正确性，可以发现继电保护及自动装置存在的缺陷，为之改进提供依据。

（3）根据录波图中显示的零序电流值或故障测距值，可以比较准确地给出故障地点范围，便于查找和处理故障。

2. 实现方法

（1）采用专用的微机故障录波装置，它兼有故障测距功能，并且故障录波装置应具有通信功能，可以与监控系统通信，上传各种录波量。接入故障录波装置的信息有模拟量和开关量两种。

1）模拟量：110kV及以上母线的各相电压和零序电压；110kV及以上线路的各相电流和零序电流；110kV及以上主变压器的各侧电压及电流。

2）开关量：110kV及以上线路断路器的状态；110kV及以上主变压器各侧断路器的状态；保护动作出口信号；重合闸动作出口信号。

（2）在微机保护装置中配备故障录波插件，一般在110kV及以上的微机保护装置中可以进行此配置，它具有录波和测距的功能。

（3）35kV及以下线路很少专门设置故障录波装置，为了方便分析故障，在微机保护装置中设置简单的故障记录功能。故障记录功能主要记录继电保护动作前后与故障有关的电流量和母线电压，记录时间一般从故障发生前2个周波到故障后10个周波，这样可以记录故障发生的全过程，可以清楚地看到事故发生前后的短路电流和相关母线电压的变化过程。

（六）不间断电源

不间断电源设备（Uninterruptable Power Supply，UPS）在变电站里主要为监控设备、微机"五防"主机、遥视主机、通信设备及其他自动装置提供可靠的交流电源。目前在变电站中广泛采用在线式UPS，主要有接电池和不接电池两种方式，其工作原理如图1-19所示。在变电站中由于已经布置有电池组，所以普遍采用不接电池这种形式。

不间断电源由整流器、逆变器、蓄电池、静态开关组成。正常工作时，由交流工作电源输入，经整流器整流滤波为纯净直流，送入逆变器转变为稳频稳压的工频交流，经静态开关向负载供电，含有电池时整流器同时向蓄电池浮充电。当交流工作电源或整流器故障时，由逆变器利用自带蓄电池或站内直流系统无间断地继续兑付和提供优质可靠的交流电。不论交流输入电源情况如何，逆变器始终处于工作状态，保证无间断输出。在过负荷、过压、逆变器本身发生故障或硅整流器意外停止工作时，静态开关将在4ms内检测反应，并毫无间断地转换为事故电源供电，这样就使负载设备在感觉不到任何变化的同时保持运行，真正保证了设备的不间断运行。

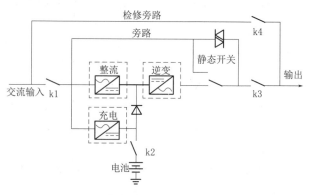

(a)接电池的UPS原理图

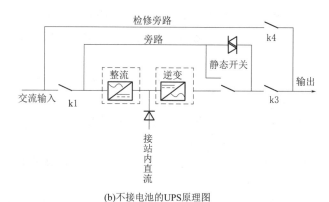

(b)不接电池的UPS原理图

图1-19　UPS工作原理图

第四节　站用交直流电源系统

一、站用交流电源系统

（一）站用交流电源系统的构成

站用交流电源系统又称站用电系统，是保证变电站安全可靠地输送电能的一个必不可少的环节。变电站的站用交流电源系统主要用来为变电站内的一、二次设备提供交流电源，包括直流蓄电池的充电电源、电气设备的操作电源、通风电源、在线滤油机的工作电源、设备检修电源、站内的空调及照明电源等，这些设备对变电站的安全运行有着至关重要的作用，因此变电站的站用交流电源系统必须安全可靠。

（二）低压运行方式

220kV变电站的交流电源一般是由接在变电站低压侧母线上的两台站用变压器提供，380V系统采用单母线分段接线方式，母联断开，两段母线分列运行，为了避免自投到故障母线造成站用电全停，一般不允许低压母联断路器设置自投功能。重要的220kV变电站或330kV及以上变电站，一般配置有站外第三电源，其第三电源一般在低压侧设置有两个断路器，分别接入低压Ⅰ段及Ⅱ段母线。第三电源的两个断路器分别与站内的两个低压进线断路器组成两组自投方式，保证正常运行的低压总断路器跳闸时，可通过第三电源自投自动合闸，保证低压母线不失压。

变电站内的站用变压器，无论其高压侧是接在同一根母线上，还是接在不同电压的母线上，都不能并列运行。

二、站用直流电源系统

（一）站用直流电源系统的构成

变电站的直流电源系统由蓄电池、充电装置及监控设备组成。直流电源系统是变电站电气设备、继电保护、测控装置、通信装置等设备正常工作的主要电源，高压断路器的控制操作和信号传输都离不开直流电源。直流电源系统故障可能造成严重后果，继电保护、自动装置、控制回路直流失电可能导致保护误动、拒动，给电力系统安全运行构成威胁。因此，在一个变电站内，直流电源系统可靠与否直接关系着变电站的安全运行。

蓄电池能够确保交流电源消失后直流电源仍能在一定时间内保证可靠供电。在变电站常用的是阀控式密封铅酸蓄电池，其优点是蓄电池在正常使用时保持气密和液密状态，当内部气压超过预定值时，安全阀自动开启，释放气体，内部气压降低后安全阀自动关闭，防止外部空气进入蓄电池内部，使其密封。

国内电力系统中常用的充电装置为高频开关充电装置。它采用模块化设计，充电电流5~40A，可以根据设计容量进行组合，具有体积小、质量轻、效率高、自动化水平高及可靠性高等优点。

直流电源系统中，一般每组蓄电池或每组充电装置设置一套微机监控装置。直流电源系统微机监控装置具备的基本功能如下：

（1）测量功能：测量直流电源系统母线电压，充电装置输出电压、电流及蓄电池组电压、电流。

（2）信号功能：发送直流电源系统母线电压过高、过低，直流电源系统接地，充电装置运行方式切换和故障等信号。

（3）控制功能：控制充电装置的开机、停机和运行方式切换。

（4）接口：通过通信接口将信息传至变电站综合自动化系统。

（二）"三加二"系统

220kV及以上变电站直流电源系统一般由2组蓄电池和3个充电机组成，即所谓的"三加二"系统，如图1-20所示。正常运行时，每个充电机接有2路交流电源，采用一主一备工作模式，设有自投装置。1号充电机带Ⅰ段直流母线及1号蓄电池运行；2号充电机带Ⅱ段直流母线及2号蓄电池运行。由1号、2号充电模块分别完成1号、2号蓄电池的浮充、均充的运行全过程。当1号充电机故障时，0号充电机带Ⅰ段直流母线及1号蓄电池运行，当2号充电机故障时，0号充电机带Ⅱ段直流母线及2号蓄电池运行。

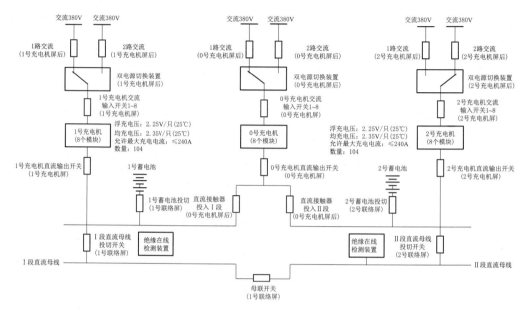

图 1-20 变电站直流"三加二"系统图

(三) 直流电源系统的运行方式

直流电源系统运行方式总体原则:直流电源系统应采用直流电源系统屏(柜)一级供电方式,110kV 及以上电压等级的线路及主变压器保护、测控、故障录波、自动装置、电能采集等应采用辐射式供电方式;35kV 及以下保护、测控装置、储能回路等可采用环形(小母线)供电方式。

(四) 级差配置的要求

在电力系统中,由于发电厂和变电站直流系统的供电负载多,回路分布广,在一个交、直流网络中往往有许多支路需要设置断路器或熔断器来进行保护,并往往分成三至四级串联,这就出现了如何正确选型及上下级之间选择性保护的配合问题,在选择级差配合方案时应特别注意:

(1) 交流和直流断路器不能混合在同一回路中使用。由于交流、直流的燃弧和灭弧动作过程不尽相同,即使是额定电流相同的交直流断路器,其断开负荷的能力也不一定相同,因此,交流和直流断路器同时安装在同一回路内,极容易造成越级误动。另外,电流峰值的大小直接影响断路器瞬动时的磁脱扣值,通常情况直流断路器的额定电流为其有效值,而交流断路器的峰值高于其有效值,在相同条件下,直流回路中直流断路器的实际额定电流值低于交流断路器。因此,在同一回路中不能将交流和直流断路器混合在同一回路使用。同时需保证同一回路中下级断路器固有动作时间不大于上级断路器固有动作时间,通常情况下下级采用微型断路器,上级采用塑壳式断路器。

(2) 由于小级差断路器配合不必考虑短路电流对其造成的影响,在实际设计过程中应考虑分电屏在多级配合中的要求。实际工程中尽可能增加分电屏的负荷断路器的数量,避免由于级差配合导致断路器越级跳闸的故障。

第五节　变电站附属设施

变电站需要一些其他的设施共同维护电网的安全可靠运行，例如变电站的消防系统、避雷系统和安防系统等基础设施。

一、变电站消防系统

变电站消防系统的设计可分为火灾自动报警系统、主变压器固定式灭火系统、消防水系统、移动式灭火系统和防火封堵等几部分。

（一）火灾自动报警系统

火灾自动报警系统用于尽早探测初期火灾并发出警报，以便采取相应措施。具有自动报警、自动呼叫、启动灭火系统、操作防火门、防火卷帘、切除非消防电源等功能。

在火灾自动报警系统中，火灾探测器是其中的重要组件，是系统的感觉器官，其作用是监测被保护区域有无火灾发生。变电站内常用的火灾探测器可划分为感烟、感温、感光和复合式；按结构造型可分为点型和线型两大类。若有火情发生，可将火灾的特征物理量（如温度、烟雾和辐射光等）转换成电信号，并立即向火灾报警控制器发送报警信号。火灾报警控制器是火灾自动报警系统中的重要组成部分，它为火灾报警提供稳定的工作电源，监视探测器及系统自身的工作状态，接受、转换、处理火灾探测器输出的报警信号，进行声光报警，指示报警的具体部位及时间，同时执行相应辅助控制等任务。此外，手动火灾报警按钮在每个防火分区至少应该设置一个。

（二）主变压器固定式灭火系统

变电站的主变压器固定式灭火系统通常可以分为水喷淋灭火、排油注氮灭火、泡沫灭火等三种形式。

水喷淋灭火由水喷雾头、供水网管、雨淋阀（或电动蝶阀）、泵房组成。其灭火原理是利用水雾的冷却、水雾挥发的水蒸气窒息、水雾的冲击力以及水雾在燃烧物表面形成的水膜进行灭火，如图1-21所示。

图1-21　水喷淋灭火

排油注氮灭火主要由消防控制柜、排油管路、注氮管路等多个元器件构成，其基本灭火原理是将主变压器内的变压器油排出，注入不助燃的氮气，冷却故障点及油温，使变压器内部由于放电而着火的变压器油与空气隔绝达到灭火的目的，如图 1-22 所示。

泡沫灭火可使用由压缩氮气驱动储罐内的泡沫预混液，经泡沫喷头喷洒泡沫到防护区，以及由压力水和泡沫液通过泡沫比例混合器生成泡沫混合液，经泡沫喷雾喷头喷洒泡沫到防护区两种形式。采用压缩氮气驱动的泡沫喷雾灭火系统不需要消防水池，结构简单、安全、可靠、维护方便，被广泛采用，如图 1-23 所示。

图 1-22　排油注氮灭火

图 1-23　泡沫灭火

（三）消防水系统

室外消防水系统一般设置灭火栓及消防器材箱；室内可设置入墙式灭火器材箱，箱内一般配置消防栓、水枪、消防水带、消火栓扳手等器具。消防水系统接入市政消防管网，或接入站内由消防水泵房及消防水池组成的独立水系统。

（四）移动式灭火系统

变电站常见火灾类型主要有 B 类和 E 类火灾，应根据火灾类型配置相应的移动式灭火器材。变电站中常见的灭火器一般为干粉灭火器和二氧化碳灭火器。

一般在主变压器旁就近设置消防器材箱，配置一定数量的消防铲、推车式灭火器、消防桶等装置，在室内配置一定数量的二氧化碳灭火器或干粉手提式灭火器。灭火器的具体设置数量、位置等详细见相关消防系统规程，在此不再赘述。

（五）防火封堵

变电站防火封堵设置范围为变压器室、电缆夹层、所有设备的进出线端口和电缆穿越的建筑物洞口。封堵系统有防火门、防火阀、防火包、防火板、有机和无机防火堵料、防火涂料等。封堵的目的是防止火灾顺电缆或建筑物通道燃烧，阻止火势蔓延，尽可能地降低火灾造成的损失。

二、变电站避雷系统

变电站设备处在一个强电和弱电系统形成的错综复杂的电磁环境中，其中雷击可引起过电压、过电流和极强的交变电磁场，雷电入侵建筑物内设备的途径有配电线路、通信线路、电磁感应、地电位反击等四种途径，为了应对各种雷电对于变电站安全运行的干扰，一般变电站中会根据具体情况，在站内设置系统防雷方案，系统防雷包括外部防雷和内部防雷两个方面。

外部防雷以避雷针（带、网）、引下线、接地装置为主，其主要的功能是为了确保建筑物本体免受直击雷的侵袭，将可能击中建筑物的雷电通过避雷针（带、网）、引下线等泄放入地。其中避雷针还可以分为构架避雷针（图1-24）和独立避雷针（图1-25）。

图1-24 构架避雷针

图1-25 独立避雷针

内部防雷是为保护建筑物内部的人员和设备的安全而设置的。通过加装电涌保护器（Surge Protective Device，SPD）等方法，使建筑物、设备、线路与大地形成一个有条件的等电位体，将内部设施因雷击所感应到的雷电流泄放入地，确保人员和设备的安全。

三、变电站安防系统

目前变电站的安防系统主要指变电站围墙边界报警系统和视频监控系统。

现阶段变电站的围墙边界报警系统一般分为围墙电网和红外报警装置两种类型。围墙电网形式是通过主机设置，向电网发送低压（1000V）或高压（10000V）的脉冲信号。在布防状态下，电网断线、短路、人员侵入引起的相间短路均会发出报警信号。红外报警装置主要是通过红外装置互射形成电子围栏，当有不法分子翻越变电站围墙时，前端周界入侵探测器（即红外装置）互射信号将被切断，系统将第一时间报警。在工程实践中，红外互射方式由于存在发射装置脏污、鸟类等小动物干扰、易受电磁干扰等弊端，容易引发误

报情况。

视频监控系统，目前通常采用具备夜视功能的高清摄像头，覆盖围墙边界、大门和楼道入口等主要出入通道。根据要求，视频监控系统图像保存天数应在 90 天以上。

第六节　变电站接线方式

变电站接线方式是指由变压器、断路器、隔离开关、互感器、母线和电缆等电气设备按一定顺序连接的，用以表示生产和分配电能的电路，又称为一次接线。典型接线方式包括单母线接线、单母线分段接线、双母线接线、双母线分段接线、增设旁路母线和旁路断路器的接线、线路—变压器单元接线和 3/2 断路器主接线等。

一、单母线接线

1. 优点
接线简单清晰、设备少、操作方便、便于扩建和采用成套配电装置。

2. 缺点
不够灵活可靠，任一元件故障或检修，均需使整个配电装置停电。单母线接线可用隔离开关分段，但当一段母线故障时，全部回路仍需短时停电，在用隔离开关将故障的母线段分开后才能恢复非故障段的供电。

3. 适用范围
一般只适用于 1 台发电机或 1 台主变压器的以下情况：
（1）6～10kV 配电装置的出线回路数不超过 5 回。
（2）35～63kV 配电装置的出线回路数不超过 3 回。
（3）110～220kV 配电装置的出线回路数不超过 2 回。

二、单母线分段接线

1. 优点
（1）用断路器把母线分段后，对重要用户可以从不同段引出 2 个回路，由 2 个电源供电。
（2）当一段母线发生故障，分段断路器自动将故障段切除，保证正常段母线不间断供电，不致使重要用户停电。

2. 缺点
（1）当一段母线或母线隔离开关故障或检修时，该段母线的回路都要在检修期间内停电。
（2）当出线为双回路时，常使架空线路出现交叉跨越。
（3）扩建时需向两个方向扩建。

3. 适用范围
（1）6～10kV 配电装置出线回路数为 6 回及以上时。

（2）35～63kV 配电装置出线回路数为 4～8 回时。

（3）110～220kV 配电装置出线回路数为 3～4 回时。

三、双母线接线

双母线接线的两组母线同时工作，并通过母线联络断路器并列运行，电源与负荷平均分配在两组母线上。

1. 优点

（1）供电可靠。通过两组母线隔离开关的倒换操作，可以轮流检修一组母线而不致使供电中断；一组母线故障后，能迅速恢复供电；检修任一回路的母线隔离开关，只停该回路。

（2）调度灵活。各个电源和各回路负荷可以任意分配到某一组母线上，能灵活地适应系统中各种运行方式调度和潮流变化的需要。

（3）扩建方便。向双母线的左右任何一个方向扩建，均不影响两组母线的电源和负荷均匀分配，不会引起原有回路的停电。当有双回架空线路时，可以顺序布置，以致连接不同的母线段时，不会如单母线分段那样导致出线交叉跨越。

2. 缺点

（1）增加一组母线会使每回路增加一组母线隔离开关。

（2）当母线故障或检修时，隔离开关作为倒换操作电器，容易误操作。为了避免隔离开关误操作，隔离开关和断路器之间联锁装置更为复杂。

3. 适用范围

当出线回路数或母线上电源较多、输送和穿越功率较大、母线故障后要求迅速恢复供电、母线或母线设备检修不允许影响对用户的供电、调度对接线的灵活性有一定要求时采用，各级电压采用的具体条件如下：

（1）35～63kV 配电装置，当出线回路数超过 8 回时，或连接的电源较多、负荷较大时。

（2）110～220kV 配电装置出线回路数为 5 回及以上时，或当 110～220kV 配电装置在系统中居重要地位、出线回路数为 4 回及以上时。

四、双母线分段接线

为了消除工作母线故障时造成整个配电装置停电的缺点，可以将双母线接线中的一组母线用断路器分段，从而形成双母线三分段接线形式，负荷线路分别运行于各段母线，灵活性进一步增强。若将两组母线均用分段断路器分为两段，则可构成双母线四分段接线。

1. 优点

可缩小母线故障停电范围，具有相当高的供电可靠性与运行灵活性。

2. 缺点

所使用的电气设备更多，配电装置也更为复杂，保护及二次接线复杂。

3. 适用范围

当 220kV 进出线回路数较多时，双母线需要分段，分段原则是：

（1）当进出线回路数为 10～14 回时，在一组母线上用断路器分段。

（2）当进出线回路数为 15 回及以上时，两组母线均用断路器分段。

（3）在双母线分段接线中，均装设 2 台母联断路器。

（4）为了限制 220kV 母线短路电流或系统解列运行的要求，可根据需要将母线分段。

五、增设旁路母线和旁路断路器的接线

为了保证采用单母线分段接线或双母线接线的配电装置在进出线断路器检修时（包括其保护装置的检修和调试）不中断对用户的供电，可增设旁路母线和旁路断路器，由专用旁路断路器代替，通过旁路母线供电。随着技术的进步和电网可靠性的不断提升，旁路母线及旁路断路器接线只在早期投运的变电站中采用，在国网典型设计中这种接线方式已经摒弃。

双母线带旁路接线就是在双母线接线的基础上，增设旁路母线。其特点是具有双母线接线的优点，当线路（主变压器）断路器检修时，仍可继续供电，但旁路的倒换操作比较复杂，增加了误操作的机会，也使保护及自动化系统复杂化，投资费用较大。

六、线路—变压器单元接线

1. 优点

接线最简单、设备最少，不需要高压配电装置。

2. 缺点

线路故障或检修时，变压器停运；变压器故障或检修时，线路停运。

3. 适用范围

（1）只有 1 台变压器和 1 回线路时。

（2）当变电站内不设高压配电装置，直接将电能送至站内时。

七、3/2 断路器主接线

目前我国 330kV、500kV 及以上变电站电气主接线一般采用双母线四分段和 3/2 断路器的接线方式，其中 3/2 断路器接线方式的运行优点日渐凸显。

1. 优点

（1）供电可靠性高。每一回路有 2 台断路器供电，发生母线故障或断路器故障时不会导致出线停电。

（2）运行调度灵活。正常运行时两组母线和所有断路器都投入工作，从而形成多环路供电方式。

（3）倒闸操作方便，特别是对于母线停电的操作，不需要像双母线接线方式时进行负荷倒母操作，所以操作较简单。

2. 缺点

（1）一次设备的投资高，建设标准高。

（2）二次接线复杂。特别是 TA 配置比较多。在重叠区故障，保护动作繁杂。

（3）造成整个系统全部接死，无法分列运行。由于现在系统短路电流超标，经常需要母线分列运行。对于双母线接线方式就容易实现，而 3/2 接线方式就无法实现。

第二章
设备巡视与缺陷

第一节   设备巡视基础

对设备进行巡视检查是为了掌握设备运行情况、变化情况，发现设备异常情况，确保设备安全可靠运行的主要措施。

一、设备巡视的基本要求

（1）巡视人员应注意人身安全，针对运行异常且可能造成人身伤害的设备应采用辅助巡视手段，应尽量缩短在瓷质、充油设备附近的滞留时间。

（2）变电站应有确定且经过审核通过的巡视路线图，如图 2-1 所示，并使用正确且经审核发布的巡视模版和特殊巡视作业指导卡。

（3）运维班班（站）长、副班（站）长和专责工程师应定期参与巡视，监督、考核巡视检查质量。

（4）对于不具备可靠的自动监视和告警系统的设备，应适当增加巡视次数。

（5）巡视设备时运维人员应着工作服、穿绝缘鞋，并正确佩戴安全帽，如图 2-2 所示。

（6）雷雨天气必须巡视时应穿绝缘靴、着雨衣，不得靠近避雷器和避雷针，不得触碰设备、架构。

（7）为确保夜间巡视安全，变电站应具备完善的照明。

（8）现场巡视工器具应合格、齐备。

（9）备用设备应按照运行设备的要求进行巡视。

（10）严格按照作业指导书的巡视内容要求并结合各站的巡视重点对设备进行巡视，确保巡视到位。

二、设备巡视的注意事项

（1）经批准允许单独巡视的值班员和非值班员，巡视高压设备时，不得进行其他工作，不得移开或越过遮栏。

（2）高压设备发生接地时，室内不得接近故障点 4m 以内，室外不得接近 8m 以内。进入上述范围的人员必须穿绝缘靴，接触设备外壳和构架时应戴绝缘手套。

（3）巡视配电装置、进出高压室，必须随手将门关好。

（4）高压室的钥匙至少应有 3 把，由运维人员负责保管，按值移交。1 把专供紧急时使用，1 把专供运维人员使用，其他可以借给经批准的巡视高压设备人员和经批准的检修、施工队伍的工作负责人使用，但应登记签名，巡视或当日工作结束后交还。

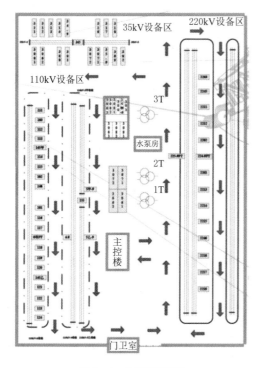

图 2-1　巡视路线图

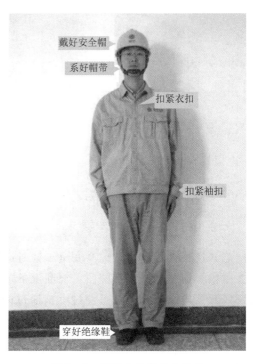

图 2-2　巡视人员的安全防护

三、设备巡视的分类

按巡视项目和目的的不同，设备巡视通常分为例行巡视、全面巡视、熄灯巡视、专业巡视、特殊巡视。

1. 例行巡视

例行巡视是指针对站内设备及设施外观、异常声响、设备渗漏、监控系统、二次装置及辅助设施异常告警、消防安防系统完好性、变电站运行环境、缺陷和隐患跟踪检查等方面的常规性巡查。

2. 全面巡视

全面巡视是指在例行巡视项目基础上，对站内设备开启箱门检查，记录设备运行数据，检查设备污秽情况，检查防火、防小动物、防误闭锁等有无漏洞，检查接地引下线是否完好，检查变电站土建及附属设施等方面的详细巡查。

3. 熄灯巡视

熄灯巡视指夜间熄灯开展的巡视，重点检查设备有无电晕、放电，接头有无过热现象。

4. 专业巡视

专业巡视指为深入掌握设备状态，由运维、检修、设备状态评价人员联合开展对设备的集中巡查和检测。

5. 特殊巡视

特殊巡视指因设备运行环境、方式变化而开展的巡视。通常在以下情况时进行特殊巡视：

（1）大风、雷雨后。

（2）冰雪、冰雹后，雾霾过程中。

（3）新设备投入运行后。

（4）设备经过检修、改造或长期停运后重新投入系统运行后。

（5）设备缺陷有发展时。

（6）设备发生过负载或负载剧增、超温、发热、系统冲击、跳闸等异常情况。

（7）法定节假日、上级通知有重要保供电任务时。

（8）电网供电可靠性下降或存在发生较大电网事故（事件）风险时段。

四、设备巡视的常用工具和手段

1. 红外热成像仪

红外热成像技术是对电力系统中具有电流、电压致热效应或其他致热效应的带电设备进行检测和诊断的技术手段。可应用于检测变压器箱体、储油柜、套管、引线接头、风扇控制箱、高压引线连接处、刀口线夹、设备本体、交直流电源系统及电缆终端和非直埋式电缆中间接头、交叉互联箱、外护套屏蔽接地点等部位，红外热成像图显示应无异常温升、温差和/或相对温差。

2. 钳形电流表

钳形电流表由电流互感器和电流表组合而成。电流互感器的铁芯在捏紧扳手时可以张开；被测电流所通过的导线可以不必切断就可穿过铁芯张开的缺口，当放开扳手后铁芯闭合。穿过铁芯的被测电路导线就成为电流互感器的一次线圈，其中通过电流便在二次线圈中感应出电流，从而使与二次线圈相连接的电流表有指示，即测出被测线路的电流。钳形表可以通过转换开关的拨挡改换不同的量程。

用钳形电流表检测电流时，一定要夹入一根被测导线（电线），夹入两根（平行线）则不能检测电流。用直流钳形电流表检测直流电流时，如果电流的流向相反，则显示出负数。使用时应注意以下事项：

（1）进行电流测量时，被测载流体的位置应放在钳口中央，以免产生误差。

（2）测量前应估计被测电流的大小，选择合适的量程，在不知道电流大小时，应选择最大量程，再适当减小量程，但不能在测量时转换量程。

（3）为了使读数准确，应保持钳口干净无损，如有污垢时，应擦洗干净再进行测量。

（4）在测量 5A 以下的电流时，为了测量准确，可采用绕圈测量法。

（5）测量完后一定要将量程分挡旋钮放到最大量程位置上。

3. 万用表

万用表可以测量交直流电流、电压及电阻等多种电学参量，对于每一种电学参量，一般都有几个量程。通过选择万用表开关的变换，可方便地对多种电学参量进行测量。使用万用表时应注意：

（1）在使用指针式万用表之前，应先进行"机械调零"。

（2）指针式万用表在使用时，必须水平放置，以免造成误差。同时，还要避免外界磁场对万用表的影响。

（3）在使用万用表过程中，不能用手去接触表笔的金属部分。

（4）在测量某一电量时，不能在测量的同时换挡，尤其是在测量高电压或大电流时，更应注意，否则，会使万用表毁坏。如需换挡，应先断开表笔，换挡后再行测量。

（5）万用表使用完毕，应将转换开关置于交流电压的最大挡，数字万用表应关闭电源。如果长期不使用，还应将万用表内部的电池取出来，以免电池腐蚀表内其他器件。

4. 设备巡检机器人

变电站巡检机器人是集多传感器融合技术、电磁兼容技术、导航及行为规划技术、机器人视觉技术、安防技术、海量信息的无线传输技术于一体的复杂系统。机器人系统采用分层式控制结构，机器人本体能够沿着指定的巡视路线进行巡视，在巡视过程中能对待检设备进行定位，通过摄像仪和红外热像仪对电气设备的运行状态进行监测，将采集到的状态参数传送至控制中心，控制中心通过图像识别等手段，确认设备状态位置以及是否运行正常。

变电站巡检机器人的普及应用不仅降低了运维人员的工作强度，提高了运维效率，机器人的环境适应性也是高于人工巡检，恶劣天气和自然灾害等极端情况下，机器人巡检能有效降低运维人员的安全风险。

5. 设备视频辅助巡视

设备视频辅助巡视按照变电站的实际设备分布来针对性地设置摄像机的位置和角度，进行定时、定点的图像抓拍和识别，可以远距离地观察设备情况，有利于发现平时人工巡视不易观测到的设备缺陷，为及时消除隐蔽缺陷打下基础。对于大风、雨雪等恶劣天气，不能进行人工巡视时，设备视频辅助巡视也能发挥重要作用。

6. 变电站智能辅助控制系统

变电站智能辅助控制系统以视频监控系统为核心，其管控和覆盖的范围包括变电站内所有辅助控制系统，通常包括视频监控子系统、防盗报警子系统、火灾报警及消防子系统、门禁控制子系统等。变电站智能辅助控制系统应能对变电站各类辅助系统运行信息的集中采集、异常发生时的智能分析和告警信息的集中发表。通过各种辅助系统间的信息共享以及与变电站自动化系统、变电站状态监测系统等的信息交互，还可以实现系统间的联动控制。

五、设备巡视的基本方法

（一）基础巡视方法

基础巡视方法主要有目测、听、嗅、触试和仪器检测。

1. 目测检查法

目测检查法就是用眼睛来检查看得见的设备部位，通过设备外观的变化来发现异常情况。通过目测可以发现的异常现象如下：

（1）断裂、断线。

（2）变形（膨胀、收缩、弯曲）、松动。

（3）漏油、漏水、漏气。

（4）污秽、腐蚀、磨损。

（5）变色（烧焦、硅胶变色、油变黑）。

（6）冒烟、接头发热、产生火花。

（7）有杂质异物。

（8）表计指示不正常，油位（压力）指示不正常。

（9）各类指示灯、手柄、开关等是否在正常的位置。

（10）是否存在潮气、凝露、进水。

2. 听判断法

用耳朵或借助听音器械，判断设备运行时发出的声音是否正常，如放电、机械摩擦、振动、高频啸叫等。

3. 嗅判断法

用鼻子辨别是否有电气设备绝缘材料过热时产生的特殊气味。变压器故障及各附件、部件，由于接触不良或松动会产生过热或氧化而散发异常气味，如高压导电连接部分，低压电源接线端子，套管、瓷管、绝缘子，冷却器系统的电机、导线、接头，分控箱内的接触器，继电器绝缘板等发出的焦味、臭味等。

4. 触试检查法

用手触试设备的非带电部分（如变压器的外壳、电动机的外壳），检查设备的温度是否有异常升高。用触试方法来比较设备外壳的温度，在相似情况下是否温度过高，振动是否过于剧烈，然后与仪表对照分析。触试可以用手指、手掌、手背等合适部位，反复触感比较，进行触试检查要严格注意安全。

5. 仪器检测的方法

借助仪器定期对设备进行检查（如红外检查技术），是发现设备异常的有效方法。

（二）工程实践性巡视方法

1. 仰视巡视法

针对周边多湖泊环境的变电站，大型鸟类活动频繁，通过平视无法发现鸟巢，通过图 2-3 所示的仰视巡视法，可发现阻波器等设备内部的大型鸟巢，即站在阻波器正下方，仰头向上看。由于阻波器底部安装交叉连接杆并敷设铁网，天然为鸟类提供搭窝场所，如不及时处理，将造成线路出口单相接地故障，继而造成主变压器绕组变形的恶性设备事故。该方法适用于大型鸟巢隐患的发现及处理。

2. 俯视巡视法

针对导线电流分布的集肤效应，一旦导线上层散股，将导致导线上层发热严重，而下层发热不明显，可采用图 2-4 所示的俯视巡视法进行红外测温。特别针对室内站架空线路出线侧导线测温，登上主控楼屋顶，对线路出口进行俯视测温。由于散股位于导线上层，在地面巡视无法发现，如不及时处理将导致断线，造成线路出口跳闸，该方法针对此问题适用性较强。

图 2-3　仰视巡视法

图 2-4　俯视巡视法

3. 巡视主次分级法

巡视重点向设备薄弱点倾斜，重点关注危急缺陷的发现并处理。针对运行设备薄弱点，对其巡视周期由每周一次缩短为 3 天一次，迎峰度夏期间改为每天一次，及时跟踪重点设备的健康状态，巡视观察的精细度要高于普通设备。由于负荷大小直接影响着设备安全稳定运行，在巡视中一定要重点关注负荷激增、长期负荷较大的设备，而且要对这些设备的某些重点易损部件，尤其是一旦损坏将造成非计划停电的部件进行重点巡视。主次分级过程为：度夏期间哪些设备是薄弱点—薄弱设备的哪个部分是薄弱点—制订特巡测温计划并执行—发现危急缺陷—汇报并积极处理—事后分析薄弱设备薄弱部件原因—归档至"运行经验典型库"指导后续运维工作。

六、缺陷的分类与定义

1. 危急缺陷

设备或建筑物发生了直接威胁安全运行并需立即处理的缺陷，否则，随时可能造成设备损坏、人身伤亡、大面积停电、火灾等事故。

2. 严重缺陷

对人身或设备有严重威胁，暂时尚能坚持运行但需尽快处理的缺陷。

3. 一般缺陷

除上述危急、严重缺陷以外的设备缺陷，指性质一般，情况较轻，对安全运行影响不大的缺陷。

第二节　设备发热的鉴别与监测

变电站内设备过热，是频发性的异常现象，处理不及时会恶化为事故。因此，鉴别和监测这些易发热部位的温度有无异常变化、防患于未然是运行中不可忽视的一项重要工作。

传统巡视时，除通过与相邻设备比较、目测导线接头变色加以鉴别外，在特殊天气时通过霜雪融化情况也可发现有无过热。

随着技术的进步，定期、定时使用测温仪进行带电测试是最为简洁、可靠的手段。但在一些特殊部位，传统的监测方法也没有完全被摒弃。

一、示温蜡片测温

目前虽然热成像仪已经普遍配置，但开关柜内接头因为隔着防爆玻璃，无法实现红外测温。而对于容抗设备，因为实现 AVC 自动控制，无人站结合巡视测温时，这些设备未必处于投入状态。于是在容抗设备，特别是在开关柜内电缆接头上仍然普遍使用示温蜡片。运维人员可根据示温蜡片的变化状况加强对接头的检查，如图 2-5 所示。

（1）检查示温蜡片的棱角。若示温蜡片完好无损，说明接头没有过热。

（2）检查示温蜡片的移位。示温蜡片的熔化是先从紧靠导体的部分开始的。当示温蜡片粘贴在垂直或倾斜的导体上熔化时，便会沿着导体向下方滑动，当它离开了导体发热点时便停止下来，因此出现示温蜡片移位，说明接头已发热。

（3）检查示温蜡片下坠。当其受一定温度的影响后将下坠，这表明示温蜡片已接近熔化。

（4）检查示温蜡片表面是否发亮。受热的试温蜡片一般是发亮的，这是接头发热的预兆，需加强监视。

（5）检查接头所贴的示温蜡片是否齐全。若发现示温蜡片没有了，应检查是否掉落或已熔化。若检查到粘贴示温蜡片的位置周围是湿润的，有时还积聚不少灰尘，则表明示温蜡片已融化。

（6）根据示温蜡片的颜色判断接头的温度。黄色为 60℃，绿色为 70℃，红色为 80℃。根据不同金属材料的接头，粘贴上述不同颜色的示温蜡片。

二、变色示温片测温

示温蜡片具有价格低廉的优点。粘贴时需要用胶水（一般使用相应颜色的油漆）辅助粘贴，使用不是很方便，也会因振动、老化等原因而造成非正常脱落。随着科技的进步，示温蜡片的缺点越发明显，变色示温片有取代示温蜡片的趋势。变色示温片背面带胶，可直接粘贴，随着温度超过设定的温度点，自动由原始白色变成过热后的黑色来表示过热状况。同时在一个试温片上，可以做三个圆形标记，分别在 60℃、70℃ 和 80℃ 变色，通过观察不可逆的变色来发现设备过热情况，如图 2-6 所示。

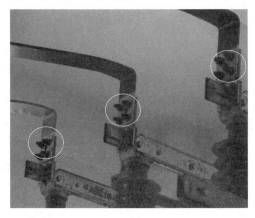

图 2-5　示温蜡片

图 2-6　变色示温片

三、红外热成像测温

红外诊断是在设备运行状态下，通过被检测设备存在缺陷时引起的异常红外辐射和异常温度场来实现的。红外诊断方法在监测过程中不需要与运行设备直接接触，如图 2 - 7 所示。

图 2 - 7　红外测温

1. 红外检测的环境要求

（1）环境温度不宜低于 5℃，一般按照红外热成像仪的最低温度掌握。

（2）环境相对湿度不宜大于 80%。

（3）风速一般不大于 5m/s，若检测中风速发生明显变化，应记录风速，并参照说明修正。

（4）天气以阴天、多云为宜，宜在日出之前、日落之后 2h 或阴天进行，夜间图像质量为佳。

（5）不应在雷、雨、雾、雪等气象条件下进行。

（6）户外晴天要避开阳光直接照射或反射进入仪器镜头，在室内或晚上检测应避开灯光的直射，宜闭灯检测。

2. 待测设备要求

（1）待测设备处于运行状态。

（2）精确测温时，待测设备连续通电时间不小于 6h，最好在 24h 以上。

（3）电流致热型设备最好在高峰负荷下进行检测。

3. 检测注意事项

（1）根据被测设备的材料设置辐射率，作为一般检测，被测设备的辐射率一般取 0.9 左右。

（2）设置仪器的色标温度量程，一般宜设置在环境温度加 10~20K 的温升范围。

（3）开始测温，远距离对所有被测设备进行全面扫描，调节图像使其具有清晰的温度层次显示，并结合数值测温手段，如图像平均、热点跟踪、区域温度自动跟踪等进行检测，以达到最佳检测效果。发现有异常后，再有针对性地近距离对异常部位和重点被测设备进行精确检测。

（4）测温时，应确保现场实际测量距离满足设备最小安全距离及仪器有效测量距离的要求。在安全距离允许的条件下，红外仪器宜尽量靠近被测设备，使被测设备（或目标）尽量充满整个仪器的视场，以提高仪器对被测设备表面细节的分辨能力及测温准确度，必要时，可使用中、长焦距镜头。

（5）检测时应尽量避开视线中的封闭遮挡物。为了准确测温或方便跟踪，应事先设置几个不同的方向和角度，但一般检测角度不应该大于 30°。确定最佳检测位置，并可做上标记，以供今后的复测用，提高互比性和工作效率。

（6）记录被检设备的实际负荷电流、额定电流、运行电压，被检物体温度及环境参照体的温度值。

第三节　变电站一次设备巡视与常见缺陷

一、主变压器

（一）主变压器巡视

主变压器巡视的重点部位如图 2-8 所示。

图 2-8　主变压器巡视的重点部位

（1）运行监控信号、灯光指示、运行数据等均应正常。

（2）变压器声响均匀、正常，各部位无渗油、漏油。

（3）本体及有载调压开关吸湿器呼吸正常，外观完好，吸湿剂符合要求，油封油位正常，储油柜的油位应与制造厂提供的油温、油位曲线相对应。

（4）变压器导线、接头、母线上无异物（鸟巢），热缩缠绕无脱落、开裂。

（5）套管油位正常，套管外部无破损裂纹、无严重油污、无放电痕迹，防污闪涂料无起皮、脱落等异常现象，套管末屏无异常声音，接地引线固定良好，套管均压环无开裂歪斜。

（6）引线接头、电缆应无发热迹象，套管接头应无起鼓、裂纹。

（7）变压器外壳、铁芯和夹件接地良好，无异常发热，引线无散股、断股。

（8）分接开关的油位、油色应正常，挡位指示与监控系统一致。

（9）冷却系统及连接管道无渗漏油，外观完好，运行参数正常，各部件无锈蚀，管道无渗漏，阀门开启正确，控制箱电源投切方式指示、转换开关指示位置均应正常，信号正确。

（10）各控制箱、端子箱和机构箱应密封良好，加热、驱潮等装置运行正常。各种标志也应齐全明显。

（11）温度计外观完好、指示正常，表盘密封良好，无进水、凝露，温度指示正常。

（12）压力释放阀、安全气道及防爆膜应完好无损。

（13）气体继电器、油流速动继电器、温度计、压力释放阀防雨措施完好，气体继电器及导气盒内应无气体。

（14）排油注氮排油阀密封良好，无渗油迹象，排油及注氮重锤销子、电手动排油阀（截门）状态正确。

（15）消防设施、消防沙箱应齐全完好，沙子松软可用；储油池和排油设施应保持良好状态。

（16）在线监测装置应保持良好状态。

（二）变压器常见缺陷及隐患

（1）呼吸器硅胶潮解、油封缺油（吸湿剂变色应由底部开始变色，如图 2-9 所示；如上部颜色发生变色则说明吸湿器密封性不严，如图 2-10 所示）。

图 2-9　呼吸器硅胶潮解（正常）　　　　图 2-10　呼吸器硅胶潮解（异常）

（2）套管、油管等连接处渗漏油（图 2-11 所示设备微漏，采用俯视巡视法发现缺陷；图 2-12 所示在变压器下部发现漏油后，使用俯视巡视法进一步定位缺陷）。

（3）引线接头、套管接头处发热（图 2-13 为主变压器运行中常见发热部位）。

（4）架构上有鸟巢。

（5）引线断股或松股。

（6）加热器损坏。

（7）现场与监控系统指示不一致（现场温度计指示的温度、控制室温度显示装置、监控系统的温度基本保持一致，误差一般不超过 5℃）。

（8）阀门故障（外部阀门渗漏情况容易被发现，但如排油注氮等隐蔽部位的渗漏油容易被巡视人员忽视，可在观察窗中放置一张红纸，如图 2-14 所示，便于观察）。

（9）信号误报（由于主变压器多为室外布置，如密封不严或未配置防雨罩则此种缺陷多发）。

（10）感温线故障。

（11）套管内渗（严重缺陷，如图 2-15 所示）。

（12）管道、外壳锈蚀。

（13）有载调压开关动作异常，如拒动、连调、信号异常。

（14）铁芯夹件绝缘电阻、油色谱试验等不合格。

（15）保护装置模块损坏、显示屏异常。

（16）冷却器系统如风机、油泵、油流计等部件及其控制系统损坏或故障。

（17）附属设施开裂、脱落（伸缩缝密封盖板开裂，如图 2-16 所示）。

图 2-11　主变压器套管引线顶部渗油

图 2-12　主变压器升高座底部渗油

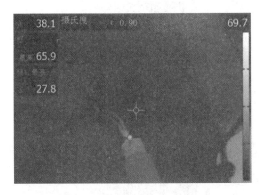

图 2-13　套管引线接头处发热

图 2-14　排油注氮阀门密封不严

图 2-15　套管显示油位低

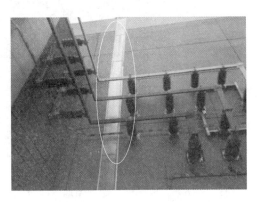

图 2-16　伸缩缝密封盖板开裂

二、GIS 设备

（一）GIS 设备巡视

GIS 设备巡视的重点部位如图 2-17 所示。

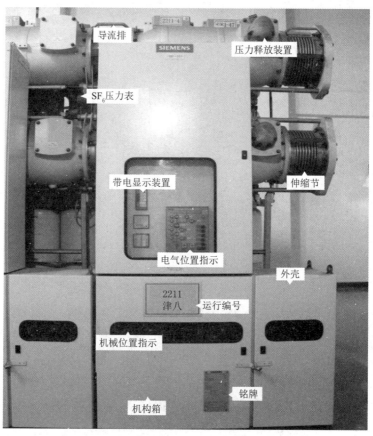

图 2-17 GIS 设备巡视的重点部位

（1）断路器、隔离开关、接地开关等位置指示正确，清晰可见，机械指示与电气指示一致，符合现场运行方式，断路器、油泵动作计数器指示值正常。

（2）外壳无锈蚀、损坏，漆膜无局部颜色加深或烧焦、起皮现象，外壳间导流排外观完好，连接无松动。无异常放电、振动声，内部及管路无异常声响，无异味，机构箱中有无线圈烧焦气味。

（3）断路器设备机构油位计和压力表指示正常，无明显漏气漏油。

（4）压力释放装置（防爆膜）外观完好，无锈蚀变形，防护罩无异常，其释放出口无积水（冰）、无障碍物。

（5）接地连接无锈蚀、松动、开断，无油漆剥落，接地螺栓压接良好。

（6）对室内 GIS 设备，进门前检查氧量仪和气体泄漏报警仪无异常。

（7）机构箱、汇控柜等的防护门密封良好，平整，无变形、锈蚀，箱门应开启灵活，关闭严密，密封条良好，箱内无水迹，箱体接地良好，箱体透气口滤网完好、无破损，温湿度控制器及加热器回路运行正常，无凝露，加热器位置应远离二次电缆，照明装置正常，指示灯、光字牌指示正常。

（8）接触器、继电器、辅助开关、限位开关、空气开关、切换开关等二次元件接触良好、位置正确，电阻、电容等元件无损坏，名称标识正确齐全。

（9）二次接线压接良好，无过热、变色、松动，接线端子无锈蚀，电缆备用芯绝缘护套完好，二次电缆绝缘层无变色、老化或损坏，电缆标牌齐全。

（10）电缆孔洞封堵严密牢固，无漏光、漏风、裂缝和脱漏现象，表面光洁平整。

（11）在线监测装置外观良好，应保持良好运行状态。

（二）GIS 设备常见缺陷及隐患

（1）受潮、指示窗进水、无法观察机械指示位置等。

（2）压力表指示异常或有漏油、渗油（如图 2-18 所示，SF_6 压力指示异常偏高）。

（3）照明、加热器失灵。

（4）机构连接螺栓断裂，气动机构连接开裂（如图 2-19 所示）。

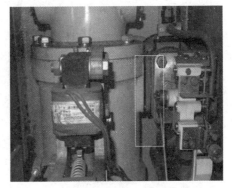

图 2-18　SF_6 压力指示异常偏高　　　图 2-19　气动机构连接开裂

（5）接头发热。

（6）支架、桥架锈蚀，地基下沉，支架分离（图 2-20 为桥架锈蚀，图 2-21 所示的支架分离为新建站的巡视关注点）。

（7）压力低报警。

（8）泄漏电流指示值超标。

图 2-20 桥架锈蚀

图 2-21 支架分离

三、断路器

（一）断路器巡视

断路器巡视的重点部位如图 2-22 所示。

图 2-22 断路器巡视的重点部位

（1）油断路器本体油位正常，无渗漏油现象，外观清洁、无异物、无异常声响。

（2）断路器套管电流互感器无异常声响、外壳无变形、密封条无脱落，动作计数器指示正常，套管防雨帽无异物堵塞，无鸟巢、蜂窝等。

（3）分合闸指示正确，与实际位置相符；SF_6 密度继电器（压力表）指示正常、外观无破损或渗漏，防雨罩完好。

（4）外绝缘无裂纹、破损及放电现象，增爬伞裙粘接牢固、无变形，防污涂料完好，无脱落、起皮现象。

（5）引线弧垂满足要求，无散股、断股，两端线夹无松动、裂纹、变色现象。

（6）均压环安装牢固，无锈蚀、变形、破损。

（7）金属法兰无裂痕，防水胶完好，连接螺栓无锈蚀、松动、脱落。

（8）传动部分无明显变形、锈蚀，轴销齐全。

（9）液压操动机构油位、油色正常，油泵及各储压元件无锈蚀。

（10）弹簧储能机构储能正常，弹簧操动机构弹簧无锈蚀、裂纹或断裂。

（11）机构箱、汇控柜箱门平整，无变形、锈蚀，机构箱锁具完好，透气口滤网无破损，箱内清洁无异物，无凝露、积水现象，开启灵活，关闭严密。

（12）基础构架无破损、开裂、下沉，支架无锈蚀、松动或变形，无鸟巢、蜂窝等异物。

（13）接地引下线标志无脱落，接地引下线可见部分连接完整可靠，接地螺栓紧固，无放电痕迹，无锈蚀、变形现象。

（14）气动操动机构空压机运转正常、无异音，油位、油色正常；气水分离器工作正常，无渗漏油、无锈蚀。

（15）SF_6 气体管道阀门及液压、气动操动机构管道阀门位置正确。

（16）指示灯正常，压板投退、远方/就地切换把手位置正确。

（17）空气开关位置正确，二次元件外观完好、标志、电缆标牌齐全清晰。

（18）端子排无锈蚀、裂纹、放电痕迹；二次接线无松动、脱落，绝缘无破损、老化现象；备用芯绝缘护套完备；电缆孔洞封堵完好。

（19）照明、加热驱潮装置工作正常。加热驱潮装置线缆的隔热护套完好，附近线缆无过热灼烧现象。加热驱潮装置投退正确。

（20）"五防"锁具无锈蚀、变形现象，锁具芯片无脱落损坏现象。

（21）高寒地区应检查罐式断路器罐体、气动机构及其连接管路加热带工作正常。

（二）断路器常见缺陷及隐患

（1）断路器机构鸟巢（如图2-23所示，敞开式横梁机构内鸟巢易造成机构卡涩）。

（2）照明、加热器失灵。

（3）密封不良，受潮。

（4）引线接头处发热。

（5）连接处渗漏油（如图2-24所示，季节变换时应增加开箱检查频次）。

（6）打压超时。

（7）压力低或油位低报警（如图2-25所示，新投设备或换季时重点关注）。

（8）二次回路绝缘电阻不合格。

（9）放电声异常。

（10）SF$_6$压力表阻尼油渗漏（如图2-26所示，如果漏油超过1/2位置应及时更换）。

（11）指示灯异常。

（12）管道、接头破损。

（13）操作卡涩。

（14）绝缘拉杆脱落。

（15）液（气）压机构油（气）泵频繁启动。

（16）辅助接点、液（气）压闭锁接点失灵。

图2-23　断路器机构内鸟巢

图2-24　断路器油管渗油

图2-25　断路器油位低

图2-26　SF$_6$压力表阻尼油渗漏

四、隔离开关、母线及绝缘子

（一）隔离开关、母线及绝缘子巡视

隔离开关、母线及绝缘子巡视的重点部位如图2-27和图2-28所示。

（1）合闸状态的隔离开关触头接触良好，合闸角度符合要求；分闸状态的隔离开关触头间的距离或打开角度符合要求，操动机构的分合闸指示与本体实际分合闸位置相符。

（2）触头、触指（包括滑动触指）、压紧弹簧无损伤、变色、锈蚀、变形，导电臂

图 2-27　隔离开关巡视的重点部位

（管）无损伤、变形现象。

（3）引线弧垂满足要求，无散股、断股，两端线夹无松动、裂纹、变色、鼓肚，连接螺栓无松动脱落、无腐蚀、无异物悬挂等现象。软母线无断股、散股及腐蚀现象，表面光滑整洁。硬母线应平直、焊接面无开裂、脱焊，伸缩节应正常。

（4）导电底座无变形、裂纹，连接螺栓无锈蚀、脱落现象。

（5）均压环安装牢固，表面光滑，无锈蚀、损伤、变形现象。

图 2-28　母线巡视的重点部位

（6）绝缘子外观清洁，无倾斜、破损、裂纹、放电痕迹或放电异声。

（7）金属法兰与瓷件的胶装部位完好，防水胶无开裂、起皮、脱落现象。金属法兰无裂痕，连接螺栓无锈蚀、松动、脱落现象。

（8）设备及构支架无异物悬挂。外观完好，表面清洁，连接牢固。

（9）无异常振动和声响。

（10）线夹、接头无过热、无异常。线夹无松动，均压环平整牢固，无过热发红现象。

（11）绝缘母线表面绝缘包敷严密，无开裂、起层和变色现象。绝缘屏蔽母线屏蔽接地应接触良好。

（12）伸缩节无变形、散股及支撑螺杆脱出现象。

（13）各部件无锈蚀、松动、脱落现象，连接轴销齐全。接地开关平衡弹簧无锈蚀、断裂现象，平衡锤牢固可靠；接地开关可动部件与其底座之间的软连接完好、牢固。其金属支架焊接牢固，无变形现象。

（14）端子排无锈蚀、裂纹、放电痕迹；二次接线无松动、脱落，绝缘无破损、老化现象；备用芯绝缘护套完备；电缆孔洞封堵完好。"五防"锁具无锈蚀、变形现象，锁具芯片无脱落损坏现象。

（15）机械闭锁位置正确，机械闭锁盘、闭锁板、闭锁销无锈蚀、变形、开裂现象，闭锁间隙符合要求。限位装置完好可靠。

（16）隔离开关操动机构机械指示与隔离开关实际位置一致。隔离开关"远方/就地"切换把手、"电动/手动"切换把手位置正确。

（17）超 B 类接地开关辅助灭弧装置分合闸指示正确、外绝缘完好无裂纹。

（18）机构箱无锈蚀、变形现象，机构箱锁具完好，接地连接线完好。机构箱透气口滤网无破损，箱内清洁无异物，无凝露、积水现象。箱门开启灵活，关闭严密，密封条无脱落、老化现象，接地连接线完好。

（19）基础无破损、开裂、倾斜、下沉，架构无锈蚀、松动、变形现象，无鸟巢、蜂窝等异物。

（20）空气开关、电动机、接触器、继电器、限位开关等元件外观完好。二次元件标识、电缆标牌齐全清晰。

（21）辅助开关外观完好，与传动杆连接可靠。

（22）接地引下线标志无脱落，接地引下线可见部分连接完整可靠，接地螺栓紧固，无放电痕迹，无锈蚀、变形现象。

（23）照明、驱潮加热装置工作正常，加热器线缆的隔热护套完好，附近线缆无烧损现象。

（二）隔离开关、母线及绝缘子常见缺陷及隐患

1. 隔离开关常见缺陷及隐患

（1）刀口、线夹、接线座、软连接等处发热（如图 2-29 所示，刀口过热易使压力弹簧的压力降低，发热迅速恶化，应及时处理）。

（2）外观锈蚀。

（3）卡涩或接触不良。

（4）瓷瓶表面脏污。

（5）加热器失灵。

（6）放电声异常。

（7）连接处断裂或松股（如图2-30～图2-32所示，属于老旧设备运行中的常见问题，巡视中应予以关注）。

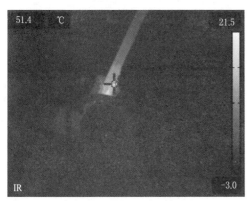

图2-29　隔离开关刀口部分过热

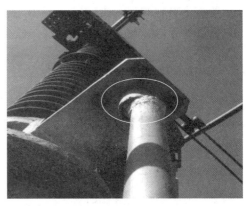

图2-30　操作连杆断裂

图2-31　隔离开关导电带断裂

图2-32　静触头抱夹断裂

（8）鸟巢（如图2-33所示，极易造成分合卡涩，35kV及以下设备鸟巢易引来蛇或黄鼬等小动物，应予以及时清除）。

（9）分合闸不到位（合闸不到位如图2-34所示，操作后应仔细查看触头情况；图2-35为操作未到位，隔离开关刀口烧损；图2-36为操作未过死点，长期运行中抱夹断裂）。

图2-33　隔离开关鸟巢

图2-34　合闸不到位

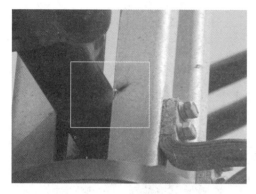

图 2-35　隔离开关刀口烧损

图 2-36　连杆抱夹断裂

2. 母线及绝缘子常见缺陷及隐患

（1）引线连接处发热（如图 2-37 所示，为管母线常见缺陷）。

（2）架构处有鸟巢等异物（如图 2-38 所示，应及时清理，防止掉落杂物放电）。

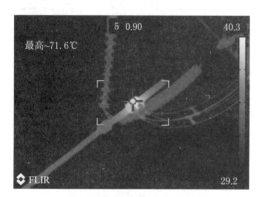

图 2-37　母线软连接处发热

图 2-38　架构处有鸟巢等异物

（3）连接螺栓锈蚀（如图 2-39 所示，横梁开焊，单侧拉线的老旧架构应重点关注）。

图 2-39　架构横梁开焊移位

（4）软连接断股或松股，设备线夹胀裂（如图 2-40 所示的仰角设备线夹是重点）。

（5）防污闪材料爆皮，热缩绝缘材料脱落、开裂、变色，如图 2-41 所示。

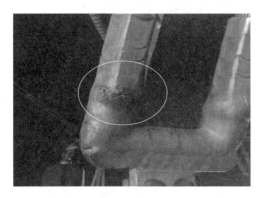

图 2-40　仰角设备线夹进水胀裂　　　　　图 2-41　架构防污闪材料爆皮

五、电流互感器

（一）电流互感器巡视

电流互感器巡视的重点部位如图 2-42 所示。

图 2-42　电流互感器巡视的重点部位

（1）各连接引线及接头无发热、变色迹象，引线无断股、散股。

（2）表面完整，无裂纹、放电痕迹、老化迹象，防污闪涂料完整无脱落，底座、支架、基础无倾斜变形。接地标识、出厂铭牌、设备标识牌、相序标识齐全、清晰。

（3）二次接线盒关闭紧密，电缆进出口密封良好、末屏接地应紧固。各空气开关投退正确，名称齐全，引接线端子无松动、过热、打火现象，接地牢固可靠。

（4）油浸电流互感器油位指示正常，各部位无渗漏油现象；吸湿器硅胶变色在规定范围内；金属膨胀器无变形，膨胀位置指示正常。

（5）SF_6电流互感器压力表指示在规定范围，无漏气现象，密度继电器正常，防爆膜无破裂。

（6）干式电流互感器外绝缘表面无粉蚀、开裂，无放电现象，外露铁芯无锈蚀。

（7）端子箱内孔洞封堵严密，照明完好，内部清洁，无异常气味、无受潮凝露现象；驱潮加热装置运行正常，加热器按季节和要求正确投退。

（8）电缆标牌齐全、完整，箱门开启灵活、关闭严密，无变形锈蚀，接地牢固，标识清晰。

（9）记录并核查 SF_6 气体压力值，应无明显变化。

（二）电流互感器常见缺陷及隐患

（1）锈蚀。

（2）漏油、渗油，如图 2-43 所示。

（3）发热。

（4） SF_6 压力表及密度继电器压力降低（检修中容易误碰表计，投前应巡视正常）。

（5）将军帽（金属膨胀器）破损，如图 2-44 所示。

（6）油位低、油位模糊、油位不可见、油位指示标志褪色。

（7）呼吸器硅胶潮解。

（8）导电接头和引线断股或松股。

图 2-43　电流互感器接线盒渗油

图 2-44　将军帽破损

六、电压互感器

（一）电压互感器巡视

电压互感器巡视的重点部位如图 2-45 所示。

（1）外绝缘表面完整，无裂纹、放电痕迹、老化迹象，防污闪涂料完整无脱落。

（2）各连接引线及接头无松动、发热、变色迹象，引线无断股、散股。

（3）金属部位无锈蚀；底座、支架、基础牢固，无倾斜变形。

（4）无异常振动、异常音响及异味。

（5）接地引下线无锈蚀、松动情况。

（6）二次接线盒关闭紧密，电缆进出口密封良好。

（7）均压环完整、牢固，无异常可见电晕。

（8）油浸电压互感器油色、油位指示正常，各部位无渗漏油现象；吸湿器硅胶变色小于 2/3；金属膨胀器膨胀位置指示正常。

（9）SF_6 电压互感器压力表指示在规定范围内，无漏气现象，密度继电器正常，防爆膜无破裂。

（10）电容式电压互感器的电容分压器及电磁单元无渗漏油。

（11）干式电压互感器外绝缘表面无粉蚀、开裂、凝露、放电现象，外露铁芯无锈蚀。

（12）330kV 及以上电容式电压互感器电容分压器各节之间防晕罩连接可靠。

图 2-45　电压互感器巡视的重点部位

（13）接地标识、设备铭牌、设备标示牌、相序标注齐全、清晰。

（14）端子箱内各二次空气开关、刀闸、切换把手、熔断器投退正确，二次接线名称齐全，引接线端子无松动、过热、打火现象，接地牢固可靠。

（15）端子箱内孔洞封堵严密，照明完好，电缆标牌齐全完整。

（16）端子箱门开启灵活、关闭严密，无变形、锈蚀，接地牢固，标识清晰。

（17）端子箱内内部清洁，无异常气味、无受潮凝露现象；驱潮加热装置运行正常，加热器按要求正确投退。

（18）检查 SF_6 密度继电器压力正常，记录 SF_6 气体压力值。

（二）电压互感器常见缺陷及隐患

（1）锈蚀。

（2）漏油、渗油、滴油，如图 2-46 所示。

（3）油位低、油位模糊、油位不可见，如图 2-47 所示。

（4）SF_6 压力报警、气室局部放电异常。

图 2-46　本体渗油、伞裙油污

图 2-47　油位低

（5）本体均压环松动有异响。

（6）二次回路失压。

七、开关柜

（一）开关柜巡视

开关柜巡视的重点部位如图 2－48～图 2－50 所示。

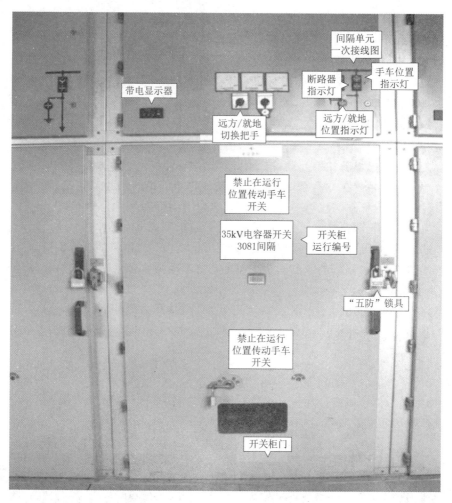

图 2－48　开关柜巡视的重点部位

（1）开关柜运行编号标识正确、清晰，断路器或手车位置指示灯、断路器储能指示灯、带电显示装置指示灯指示正常。

（2）开关柜内断路器操作方式选择开关处于运行、热备用状态时置于"远方"位置，其余状态时置于"就地"位置。

（3）机械分合闸位置指示与实际运行方式相符。

（4）开关柜内应无放电声、异味和不均匀的机械噪声。

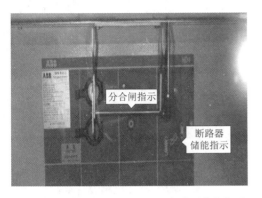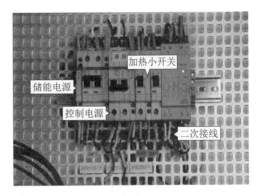

图 2-49 开关柜分合闸指示及断路器储能指示　　　图 2-50 开关柜各控制开关

（5）开关柜压力释放装置无异常，释放出口无障碍物。

（6）柜体无变形、下沉现象，柜门关闭良好，各封闭板螺栓应齐全，无松动、锈蚀。

（7）开关柜闭锁盒、"五防"锁具闭锁良好，锁具标号正确、清晰。

（8）开关柜内断路器储能指示正常。

（9）开关柜接地应牢固，封闭性能及防小动物设施应完好。

（10）表计、继电器工作正常，无异声、异味。

（11）不带有温湿度控制器的驱潮装置小开关正常在合闸位置，驱潮装置附近温度应稍高于其他部位。

（12）带有温湿度控制器的驱潮装置，温湿度控制器电源灯亮，根据温湿度控制器设定启动温度和湿度，检查加热器是否正常运行。

（13）控制电源、储能电源、加热电源、电压小开关正常在合闸位置。

（14）二次接线连接牢固，无断线、破损、变色现象，穿柜部位封堵良好。

（15）有条件时，通过观察窗检查以下项目：

1）开关柜内部无异物。

2）支持瓷瓶表面清洁、无裂纹、破损及放电痕迹。

3）引线接触良好，无松动、锈蚀、断裂现象。

4）绝缘护套表面完整，无变形、脱落、烧损。

5）试温蜡片（试温贴纸）变色情况及有无熔化。

6）避雷器泄漏电流表电流值在正常范围内。

（二）开关柜常见缺陷及隐患

（1）开关分合闸指示灯不亮、指示器偏位或不清。

（2）加热器、温湿度控制器故障，如图 2-51 所示。

（3）带电显示器、验电装置电源灯不亮（如图 2-52 所示，验电器一般与线路侧接地开关、柜门等配合使用，这类缺陷应及时消除，否则影响电气闭锁装置的使用）。

（4）SF_6 压力低报警。

（5）柜门损坏、"五防"功能缺失。

（6）开关连杆锈蚀、闭锁操作孔挡板电磁铁失效等。

（7）二次线安装隐患（如图 2-53 所示，传感器二次线固定线夹断裂、脱落侵犯安全距离放电；如图 2-54 所示，电热板与二次线过近，二次安装和布线时应重点关注）。

图 2-51 温湿度控制器故障

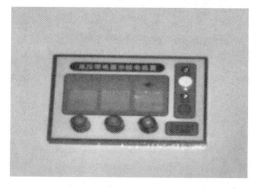

图 2-52 带电显示器故障

图 2-53 二次线固定线夹断裂

图 2-54 电热板与二次线过近

八、电力电缆

（一）电力电缆巡视

电力电缆巡视的重点部位如图 2-55 所示。

（1）电缆本体无明显变形。

（2）外护套无破损和龟裂现象。

（3）套管外绝缘无破损、裂纹，无明显放电痕迹、异味及异常响声。

（4）套管密封无漏油、流胶现象；瓷套表面不应严重结垢。

（5）固定件无松动、锈蚀，支撑瓷瓶外套无开裂、底座无倾斜。

（6）电缆金属屏蔽层、铠装层应分别接地良好，引线无锈蚀、断裂。

（7）电缆接头无损伤、变形或渗漏，防水密封良好。

（8）中间接头部分应悬空采用支架固定，接头底座无偏移、锈蚀和损坏现象。

（9）箱体（含门、锁）无缺失、损坏，固定应可靠。

（10）接地设备应连接可靠，无松动、断开。

(11) 接地线或回流线无缺失、受损。

(12) 电缆支架无缺件、锈蚀、破损现象，接地应良好。

(13) 主接地引线应接地良好，接地线或回流线无缺失、受损，焊接部位应做防腐处理。

(14) 电缆穿过竖井、墙壁、楼板或进入电气盘、柜的孔洞处用防火堵料密实封堵。

(15) 防火槽盒、防火涂料、防火阻燃带、防火泥无脱落现象，防火墙标示完好、清晰。

图 2-55 电力电缆巡视的重点部位

（二）电力电缆常见缺陷及隐患

(1) 电缆保护层受外力破坏或严重损伤（此缺陷表现为多种形式：电缆外皮被破坏，从而出现多点接地，如图 2-56 所示，导致屏蔽接地位置过热；图 2-57 体现为外皮过热；图 2-58 发现电缆外皮渗水，也说明外皮多点破损）。

(2) 电缆的保护管、沟盖板受损严重，直埋电缆暴露在路面，无保护措施。

(3) 电缆终端头、中间头有严重过热现象。

(4) 电缆终端头套管有放电（如图 2-59 所示，说明电缆接头制作工艺不良）。

(5) 电缆线路回流线断开。

(6) 电缆头漏胶、漏油。

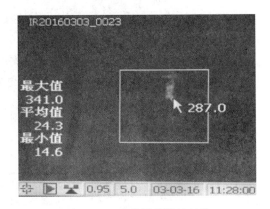

图 2-56 电缆屏蔽接地过热   图 2-57 电缆外皮过热

图 2-58 电缆外皮渗水

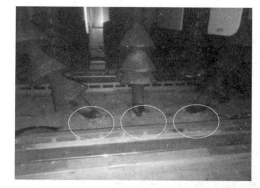

图 2-59 电缆半导电与开关柜放电

九、避雷器

（一）避雷器巡视

避雷器巡视的重点部位如图 2-60 所示。

（1）引流线无松股、断股和弛度过紧及过松现象；接头无松动、发热或变色等现象。

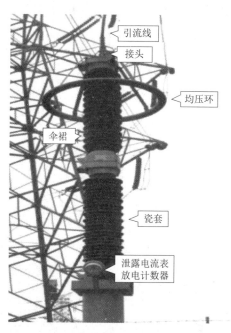

图 2-60 避雷器巡视的重点部位

（2）均压环无位移、变形、锈蚀现象，无放电痕迹。

（3）瓷套部分无裂纹、破损，无放电现象，防污闪涂层无破裂、起皱、鼓泡、脱落；硅橡胶复合绝缘外套伞裙无破损、变形，无电蚀痕迹。

（4）密封结构金属件和法兰盘无裂纹、锈蚀。

（5）压力释放装置封闭完好且无异物。

（6）设备基础完好、无塌陷；底座固定牢固、整体无倾斜；绝缘底座表面无破损、积污。

（7）接地引下线连接可靠，无锈蚀、断裂。

（8）引下线支持小套管清洁、无碎裂，螺栓紧固。

（9）运行时无异常声响。

（二）避雷器常见缺陷及隐患

（1）计数器破损或不能正常工作。

（2）金属件被腐蚀（如图 2-61 所示，均压环开裂）。

（3）基座绝缘下降，检测器安装不规范（如图 2-62 所示，安装位置过高）。

（4）引流线或接地引下线断股。

（5）红外检测发现温度分布异常。

（6）泄漏电流检测装置出现异常、泄漏电流异常（如出现泄漏电流异常，应及时进行检查，确定是本体受潮，还是检测器异常）。

图 2-61　避雷器均压环开裂　　　　　图 2-62　避雷器检测器安装过高

十、并联电容器

（一）并联电容器巡视

并联电容器巡视的重点部位如图 2-63 所示。

图 2-63　并联电容器巡视的重点部位

（1）设备铭牌、运行编号标识、相序标识齐全、清晰。

（2）母线及引线无过紧过松、散股、断股，无异物缠绕，各连接头无发热现象。

（3）无异常振动或响声。

（4）电容器壳体无变色、膨胀变形；集合式电容器无渗漏油，油温、储油柜油位正常，吸湿器受潮硅胶不超过 2/3，阀门接合处无渗漏油现象；框架式电容器外熔断器完好。带有外熔断器的电容器应检查外熔断器的运行工况。

（5）限流电抗器附近无磁性杂物存在，干电抗器表面涂层无变色、龟裂、脱落或爬电痕迹，无放电及焦味，电抗器撑条无脱出现象，油电抗器无渗漏油。

（6）放电线圈二次接线紧固，无发热、松动现象；干式放电线圈绝缘树脂无破损、放电；油浸放电线圈油位正常，无渗漏。

（7）避雷器垂直和牢固，外绝缘无破损、裂纹及放电痕迹，运行中避雷器泄漏电流正常，无异响。

（8）设备的接地良好，接地引下线无锈蚀、断裂且标识完好。

（9）电缆穿管端部封堵严密。

（10）套管及支柱绝缘子完好，无破损裂纹及放电痕迹。

（11）围栏安装牢固，门关闭，无杂物，"五防"锁具完好。

（12）本体及支架上无杂物，支架无锈蚀、松动或变形。

（13）原有的缺陷无发展趋势。

（二）并联电容器常见缺陷及隐患

（1）油浸放电线圈油位异常，渗漏油，如图 2-64 所示。

（2）电容器壳体有变色、膨胀变形；集合式电容器有渗漏油，油温、储油柜油位异常，阀门接合处有渗漏油现象。

（3）电容器套管发热（如图 2-65 所示，此部位发热应及时处理，避免密封损坏）。

图 2-64 放电线圈渗油　　　　　　　图 2-65 电容器套管接头过热

（4）外熔断器连接部位过热，引线过紧过松、散股、断股，各连接头发热（室外布置的电容器组外熔断器，建议 5 年全部更换，老化后如图 2-66 所示；老化后容易引起大面积发热情况，如图 2-67 所示）。

（5）有异常振动或响声。

（6）放电线圈二次接线存在发热、松动现象。

（7）设备的接地引下线锈蚀、断裂且标识破损。

（8）套管及支柱绝缘子存在破损、裂纹及放电痕迹。

（9）本体及支架上有杂物，支架有锈蚀、松动或变形。

图 2-66　老化的外熔断器

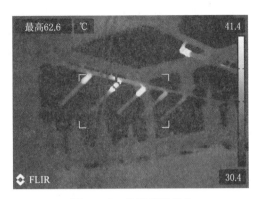

图 2-67　外熔断器发热

（10）成套高压并联电容器内配置隔离开关过热（此隔离开关一般由电容器厂家统一购置，配置的隔离开关质量不高，巡视时应进行重点测温）。

十一、电抗器

（一）电抗器巡视

电抗器巡视的重点部位如图 2-68 所示。

图 2-68　电抗器巡视的重点部位

（1）设备铭牌、运行编号标识、相序标识齐全、清晰。

（2）包封表面无裂纹、无爬电，无油漆脱落现象，防雨帽、防鸟罩完好，螺栓紧固。

（3）空心电抗器撑条无松动、位移、缺失等情况。

（4）铁芯电抗器紧固件无松动，温度显示及风机工作正常。

（5）引线无散股、断股、扭曲，松弛度适中；连接金具接触良好，无裂纹、发热变色、变形。

（6）瓷瓶无破损，金具完整；支柱绝缘子金属部位无锈蚀，支架牢固，无倾斜变形。

（7）运行中无过热，无异常声响、震动及放电声。

（8）设备的接地良好，接地引下线无锈蚀、断裂，接地标识完好。

（9）电缆穿管端部封堵严密。

（10）围栏安装牢固，门关闭，无杂物，"五防"锁具完好；周边无异物且金属物无异常发热。

（11）电抗器本体及支架上无杂物，若室外布置应检查无鸟窝等异物。

（12）设备基础构架无倾斜、下沉。

（13）端子箱体内加热、防潮装置工作正常。

（14）表面涂层无破裂、起皱、鼓泡、脱落现象。

（二）电抗器常见缺陷及隐患

（1）包封表面有裂纹、爬电、油漆脱落现象，防雨帽、防鸟罩破损，螺栓不牢固，如图 2-69 所示。

（2）空心电抗器撑条有松动、位移、缺失等情况。

（3）铁芯电抗器紧固件松动，温度显示及风机工作不正常。

（4）引线散股、断股、扭曲；连接金具接触不良，有裂纹、发热变色、变形。

（5）瓷瓶破损，支柱金属部位锈蚀，支架不牢固，倾斜变形。

（6）运行中过热，有异常声响、振动及放电声。

（7）设备的接地不良，接地引下线锈蚀、断裂。

（8）电抗器漏磁导致屋顶发热，如图 2-70 所示。

图 2-69 电抗器包封表面裂纹

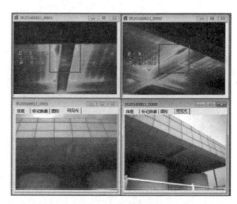

图 2-70 电抗器漏磁屋顶发热

第四节 变电站二次设备巡视及常见缺陷

一、监控系统巡视

（1）监控系统各设备及信息指示灯（如电源指示灯、运行指示灯、报警指示灯等）运行正常。

（2）告警音响和事故音响良好。

（3）监控后台与各测控装置通信正常。

（4）监控系统与 GPS 对时正常。

（5）监控后台上显示的一次设备、保护及自动装置、直流系统等状态与现场一致。

（6）监控后台各运行参数正常，主变压器及母线功率总和在合格范围内，无过负荷现象；母线电压三相平衡、正常；系统频率在规定的范围内；其他模拟量显示正常。后台控制功能、数据采集与处理功能、报警功能、历史数据存储功能等正常，遥测数据正常刷新。

（7）监控系统各设备元件正常，接线紧固，无过热、异味、冒烟、异响现象。

（8）微机"五防"系统与监控后台通信正常，一次设备位置与后台一致。

（9）各测控装置运行状态正常，液晶面板无花屏、模糊不清等现象，各电压、电流等采样值显示正确，并与实际值相对应，数据正常刷新；装置无异常响声、冒烟、烧焦气味。

（10）屏柜编号、标识齐全，无损坏。

（11）引线接头无松动、无锈蚀，导线无破损，接头线夹无变色、过热迹象。

（12）信号电源、装置电源、TV 二次空气开关位置符合运行要求。

（13）屏柜内外清洁、整齐，屏体密封良好，屏门接地良好，开合自如。

（14）屏柜内电缆标牌清晰、齐全；电缆孔洞封堵严密。

二、保护装置巡视

（1）保护装置外壳清洁、完好，无松动、裂纹，运行状态正常，液晶面板显示正常，无花屏、模糊等现象，无异常响声、冒烟、烧焦气味。

（2）无异常告警、报文。

（3）各类监视、指示灯、表计指示正常。

（4）保护室内温度为 5～30℃，相对湿度不大于 75%。

（5）连接片（压板）及转换开关位置与运行要求一致，连接片（压板）上下端头已拧紧，备用连接片（压板）已取下。

（6）各控制、信号、电源回路空气开关位置符合运行要求。

（7）核对保护装置各采样值正确。

（8）屏柜编号、标识齐全，无损坏。

（9）屏柜内外清洁、整齐，屏体密封良好，屏门接地良好，开合自如。

（10）屏柜内电缆标牌清晰、齐全，电缆孔洞封堵严密。

（11）核对保护装置时钟。

三、智能终端和 MU 巡视

（1）设备外观正常、无告警，各指示灯指示及报文正常，液晶屏幕显示正常，连接片（压板）正确。

（2）各间隔电压切换运行方式指示与实际一致。

（3）过程层交换机设备外观正常、无告警，温度正常，电源及运行指示灯指示正常。

（4）主、从时钟运行正常、无告警，电源及各种指示灯正常。

（5）各控制、信号、电源回路空气开关位置符合运行要求。

（6）智能控制柜密封良好，锁具及防雨设施良好，通风顺畅，无进水受潮；柜内各设备运行正常、无告警；柜内加热器、工业空调、风扇等温湿度调控装置工作正常，柜内温、湿度满足设备现场运行要求。

四、二次设备的常见缺陷

1. 危急缺陷

一次设备失去主保护时，一般应停运相应设备；保护存在误动风险，一般应退出该保护；保护存在拒动风险时，应保证有其他可靠保护作为运行设备的保护。以下缺陷属于危急缺陷：

（1）电流互感器回路开路。

（2）二次回路或二次设备着火。

（3）保护、控制回路直流消失。

（4）装置故障或保护异常退出。

（5）装置电源灯灭或电源消失。

（6）收发信机运行灯灭、装置故障。

（7）控制回路断线。

（8）电压切换不正常。

（9）电流互感器回路断线告警、差流越限，线路保护电压互感器回路断线告警。

（10）保护开入异常变位，可能造成保护不正确动作。

（11）直流接地。

（12）其他威胁安全运行的情况。

2. 严重缺陷

严重缺陷可在保护专业人员到达现场进行处理时再申请退出相应保护。缺陷未处理期间，运维人员应加强监视，保护有误动风险时应及时处置。以下缺陷属于严重缺陷：

（1）保护通道异常，如告警等。

（2）保护装置只发告警或异常信号，未闭锁保护。

（3）录波器装置故障、频繁启动或电源消失。

（4）保护装置液晶显示屏异常。

（5）操作箱指示灯不亮，但未发控制回路断线信号。

（6）保护装置动作后报告打印不完整或无事故报告

（7）就地信号正常，后台或中央信号不正常。

（8）切换灯不亮，但未发电压互感器断线告警。

（9）无人值守变电站保护信息通信中断。

（10）频繁出现又能自动复归的缺陷。

3. 一般缺陷

一般缺陷是指性质一般，情况较轻，保护能继续运行，对安全运行影响不大的缺陷。

第五节　站用交直流电源系统巡视及常见缺陷

一、站用变压器及站用交流电源系统

（一）站用变压器及站用交流电源系统巡视

站用变压器及站用交流电源系统巡视的重点部位如图 2-71 和图 2-72 所示。

（1）站用变压器本体运行监控信号、灯光指示、运行数据等均应正常。

（2）站用变压器各部位无渗油、漏油。

（3）站用变压器套管油位正常，套管外部无破损裂纹、无放电痕迹，防污闪涂料无起皮等。

（4）引线接头、电缆应无发热迹象。

（5）站用变压器储油柜的油位应与制造厂提供的油温、油位曲线相对应。

（6）干式站用变压器三相温差在合理范围内，温控器指示正常。

（7）站用变压器吸湿器呼吸正常，外观完好，吸湿剂符合要求，油封油位正常。

（8）各控制箱、端子箱和机构箱应密封良好，加热、驱潮等装置运行正常。

（9）各种标志应齐全明显。

（10）站用电运行方式正确，三相负荷平衡，各段母线电压正常。

（11）低压母线进线断路器（包括进线隔离开关）、分段断路器位置指示与监控机显示一致，储能指示正常。

（12）站用交流电源柜支路低压断路器位置指示正确，低压熔断器无熔断。

（13）站用交流电源柜电源指示灯、仪表显示正常，无异常声响。

（14）站用交流电源柜元件标志正确，操作把手位置正确。

（15）站用交流 UPS 面板、指示灯、仪表显示正常，风扇运行正常，无异常告警、无异常声响振动。

（16）站用交流 UPS 低压断路器位置指示正确，各部件无烧伤、损坏。

（17）备自投装置 ATS 充电状态指示正确，无异常告警。

（18）原存在的设备缺陷无发展趋势。

（19）交流电源进线避雷器运行指示正常。

（20）消防设施应齐全完好。

（21）各部位的接地应完好。

（22）屏柜内电缆孔洞封堵完好，防小动物措施完善。

（23）各引线接头无松动、无锈蚀，导线无破损，接头线夹无变色、过热迹象。

（24）配电室温度、湿度、通风正常，照明设施完好。

（25）门窗关闭严密，房屋无渗、漏水现象。

（26）环路电源开环正常，断开点警示标志正确。

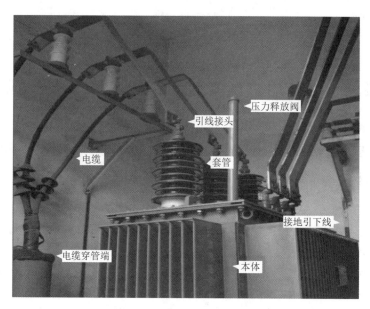

图 2-71 站用变压器巡视的重点部位

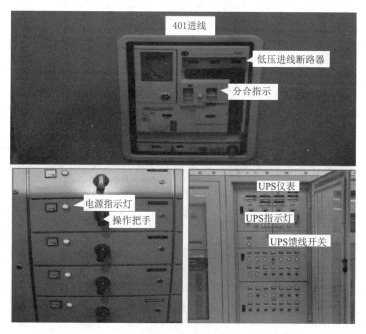

图 2-72 站用交流电源系统巡视的重点部位

(二) 站用变压器及站用交流电源系统常见缺陷

(1) 站用变压器本体呼吸器硅胶变色。

(2) 站用变压器温度异常 (图 2-73)。

(3) 站用变压器本体或套管漏油 (图 2-74)。

(4) 屏柜存在变形、破损、封堵不良等现象。

（5）接触器转换不灵活，卡簧张力不充分，有脱落松动现象。

（6）站用电低压电源开关操作卡涩。

（7）熔断器有烧伤痕迹、金属部分松动。

（8）漏电保护器故障、失灵。

（9）UPS逆变装置不工作或风扇不转动。

（10）UPS交流输出过压、欠压时，装置交流输出不能自动切换至旁路。

（11）交流输出馈电开关级差配合不满足要求。

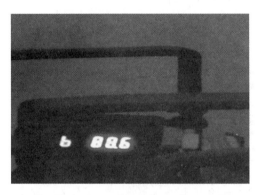

图2-73　站用变压器温度过高　　　　　图2-74　套管漏油

二、站用直流电源系统

（一）站用直流电源系统巡视

站用直流电源屏柜和蓄电池巡视的重点部位如图2-75和图2-76所示。

1. 蓄电池

（1）蓄电池组外观清洁，无短路、接地。

（2）蓄电池组总熔断器运行正常。

（3）蓄电池壳体无渗漏、变形，连接条无腐蚀、松动，构架、护管接地良好。

（4）蓄电池电压在合格范围内。

（5）蓄电池巡检采集单元运行正常。

（6）蓄电池室温度、湿度、通风正常，照明完好，无易燃、易爆物品。

（7）蓄电池室门窗严密，房屋无渗、漏水。

2. 充电装置

（1）监控装置运行正常，无其他异常及告警信号。

（2）充电装置交流输入电压、直流输出电压、电流正常。

（3）充电模块运行正常，无报警信号，风扇正常运转，无明显噪声或异常发热。

（4）直流控制母线、动力（合闸）母线电压、蓄电池组浮充电压值在规定范围内，浮充电流值符合规定。

（5）各元件标志正确，断路器、操作把手位置正确。

3. 馈电屏

（1）绝缘监测装置运行正常，直流系统的绝缘状况良好。

（2）各支路直流断路器位置正确、指示正常，监视信号完好。

（3）各元件标志正确，直流断路器、操作把手位置正确。

4. 事故照明屏

（1）交流、直流电压正常，表计指示正确。

（2）交、直流断路器及接触器位置正确。

（3）屏柜（前、后）门接地可靠，柜体上各元件标志正确可靠。

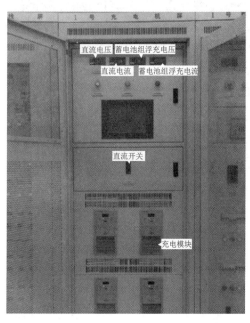

图 2-75　站用直流电源屏柜巡视的重点部位

图 2-76　蓄电池巡视的重点部位

（二）站用直流电源系统常见缺陷及隐患

（1）馈线柜通风散热不良，破损变形，防小动物封堵措施不完善。

（2）高频开关电源工作异常，运行中无法进行充电。

（3）直流接地或绝缘不良。

（4）直流电源系统电压异常，单只电压异常。

（5）蓄电池极板弯曲、断裂、短路过热。

（6）蓄电池容器破损、渗漏。

（7）引线连接条断裂。

（8）蓄电池极板弯曲变形、颜色不正常。

（9）蓄电池室散热通风设备不良。

（10）蓄电池接线桩头轻微生盐。

（11）蓄电池接线螺栓锈蚀严重。

（12）蓄电池电池架锈蚀。

（13）消防设置配置不符合要求。

（14）监控系统显示异常。

第三章
变电运行倒闸操作技术

第一节　概　　述

倒闸操作是指电气设备由一种工作状态转换到另一种工作状态或电力系统由一种运行方式转换为另一种运行方式时所进行的一系列操作。如拉合断路器和隔离开关、投退继电保护和自动装置、装拆临时接地线等。电气设备倒闸操作是变电运行的主要工作内容之一，操作过程的正确与否直接关系着电网、设备和人身的安全。同时它又是一项较为繁杂的工作，操作项目多、涉及范围广，稍有疏忽就会因误操作而引发事故。因此，正确的倒闸操作对于保障电力系统安全稳定运行以及设备检修、调试、消缺等工作都具有十分重要的意义。

一、基础知识

（一）倒闸操作的基本概念

1. 电气设备的状态

（1）运行：断路器和隔离开关都在合位，带电运行，保护和自动装置按规定投入。

（2）热备用：断路器断开，而隔离开关在合位。此状态下如无特殊要求，保护均应在投入状态。

（3）冷备用：隔离开关及断路器都在断开位置，可以随时投入运行状态。

（4）检修：断路器、隔离开关均断开，装设接地线或合上接地开关并断开控制电源与合闸能源。

2. 倒闸操作的流程

倒闸操作的流程如图 3-1 所示。

（二）倒闸操作基本要求

（1）只有被批准有接令权的当值变电运维人员才能接受调度命令，接令时应主动报告站名、姓名，并问清调度员姓名。

（2）倒闸操作均应根据调度命令和变电站现场运行规程的规定进行，无调度命令不得改变调度管辖范围的设备（紧急情况下除外）；变电站自行管辖范围的设备投入或停止运行的倒闸操作，由当值值长根据运行监控的需要下达操作命令。

（3）如发生人身触电或威胁设备安全运行的情况时，运维人员应立即切断设备电源，并报告调度员和相关部门。

（4）操作人员必须明确操作目的和顺序，掌握设备的运行方式，若有疑问应向发令人询问清楚。

（5）倒闸操作应认真执行调度与运行的相关规定，严格执行闭锁装置的有关操作要求。

（6）操作过程中，严禁两个操作任务交叉进行，严禁颠倒操作顺序，严禁跳项操作，不得进行与操作任务无关的任何工作。

（7）运行设备的保护压板操作，由变电运维人员负责，继电保护及自动装置校验时需操作的保护压板由继电保护专业人员负责。完工后，应同变电运维人员一起检查压板是否恢复完好。

（8）倒闸操作必须两人进行，一人操作，一人监护，严格执行监护复诵制度。

（9）正常倒闸操作尽量避免在下列情况下操作：①变电站交接班时间内；②系统稳定性薄弱期间；③雷雨、大风等天气下；④系统发生事故时；⑤有特殊供电要求（如保电）时。

（10）电气设备操作后必须检查确认实际位置。

（11）设备送电前必须检查有关保护装置已投入。

（12）操作中发现疑问时，应立即停止操作，并汇报调度，查明问题后再进行操作。操作中具体问题处理规定如下：

1）操作中出现影响操作安全的设备缺陷，应立即汇报值班调度员，并初步检查缺陷情况，由调度决定是否停止操作。

2）操作中发现操作票有错误，应立即停止操作，将操作票改正并经审核后才能继续操作。

3）操作中发生误操作事故，应立即汇报调度，采取有效措施，将事故控制在最小范围内，严禁隐瞒事故。

（13）倒闸操作必须具备下列条件才能进行操作：

1）变电站值班人员须经过安全教育培训、技术培训，熟悉工作业务和有关规程制度，经上岗考试合格，才能进行操作或监护工作。

2）要有与现场设备和运行方式一致的一次系统模拟图，要有与实际相符的现场运行规程和盖章有效的继电保护自动装置注意事项等。

3）完善的防误操作闭锁装置。

4）倒闸操作必须使用统一的电网调度术语及操作术语。

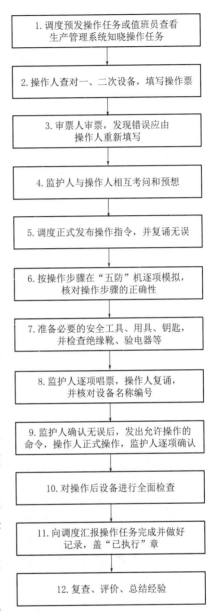

1. 调度预发操作任务或值班员查看生产管理系统知晓操作任务

2. 操作人查对一、二次设备，填写操作票

3. 审票人审票，发现错误应由操作人重新填写

4. 监护人与操作人相互考问和预想

5. 调度正式发布操作指令，并复诵无误

6. 按操作步骤在"五防"机逐项模拟，核对操作步骤的正确性

7. 准备必要的安全工具、用具、钥匙，并检查绝缘靴、验电器等

8. 监护人逐项唱票，操作人复诵，并核对设备名称编号

9. 监护人确认无误后，发出允许操作的命令，操作人正式操作，监护人逐项确认

10. 对操作后设备进行全面检查

11. 向调度汇报操作任务完成并做好记录，盖"已执行"章

12. 复查、评价、总结经验

图 3-1　倒闸操作的流程

5）要有合格的安全工器具、操作工具、接地线等设备，并设有专门的存放地点。

6）现场一、二次设备应有正确、清晰的标示牌，设备的名称、编号、分合位指示、方向指示、切换位置指示以及相别标识齐全。

二、倒闸操作技术要求

（一）技术原则

停电操作先停一次设备，后停保护、自动装置，送电操作时顺序相反。保护、自动装置在一次设备操作过程中要始终投入（操作过程中易误动的除外）。具体原则如下：

（1）停电时先拉开断路器，再拉开负荷侧隔离开关，最后拉开电源侧隔离开关。送电时相反。

（2）拉合隔离开关前，应检查相应的断路器在拉开位置，合上后应检查三相是否接触良好。对于手车式开关柜，每次推入手车之前，必须检查相应断路器的位置，严禁在合闸位置推入手车。

（3）带电容器组的母线充电时，应先将电容器组退出运行，带负荷后根据电压要求再将电容器组投入运行。

（4）旁路母线投入之前，应在保护加入的情况下用旁路断路器对旁路母线试充电一次。

（5）倒闸操作中，不得出现由电压互感器、站用变压器低压线圈向高压线圈反送电的情况。

（6）操作单极隔离开关及跌落保险时，应先拉中相，后拉边相，恢复时顺序相反。

（7）用断口带并联电容的断路器拉合装设有电磁型电压互感器的空母线时，应先将该电压互感器停用。

（8）在下述情况下应拉开开关控制电源：

1）断路器有检修工作。

2）在倒母线过程中拉合隔离开关前应拉开母联断路器的控制电源。

3）断路器发生严重缺油、SF_6气压闭锁或机构气（液）压闭锁等情况。

（9）全封闭开关柜、GIS设备接地操作前，可使用带电显示装置间接验电，巡视中应检验其完好性。

（二）操作"六把关"制度

1. 操作准备关

根据停电计划、调度预令系统或事故处理预案，了解操作内容。填票时，明确操作任务、目的、停电范围及运行方式。拟定操作顺序，确定挂地线的部位、组数及应设的标示牌，明确工作现场邻近的带电部位，制订出相应的措施。考虑保护与自动装置的相应变化及应断开的交、直流电源，并防止电压互感器、站用变压器二次侧对工作地点反送电等。分析操作过程中可能出现的问题和应采取的措施。将操作中所使用的安全工具、器材等准备好。

2. 接令关

接受调度命令，应首先通报变电站名称、值班人员姓名，并问清调度员姓名，下令时间。接令时全过程录音，应边听边记，一人接令，一人在旁监听，重复命令无误后，经调度同意方可执行操作。若对操作有疑问，应向调度询问清楚并与调度员研究解决。

3. 操作票填写关

将操作任务填写在"操作任务"栏内。应根据正式的调度命令填写操作票。操作票由操作人填写，监护人审查，遇有重大或复杂的操作，应由值班负责人或站长增加一级审查。

4. 模拟预演关

检查微机"五防"系统与当前实际运行方式相符，特别关注不能与监控系统实时对位的地线及网门状态。监护人根据操作票所填写的步骤逐项唱票，操作人复诵无误后执行预演。模拟正确后，操作人、监护人、值班负责人分别签字，并填入"操作开始时间"。

5. 操作监护关

在操作过程中，监护人应对操作人进行不间断地监护，及时纠正操作人不规范行为。监护人唱票，操作人手指被操作设备的调度编号并重复命令，监护人确认后，答以"正确，执行"，方可操作。操作后要认真检查操作质量，在操作完的项目上打"√"。

6. 操作质量检查关

操作完毕应全面检查操作质量：操作断路器时，检查指示灯、表计、分合指示；操作隔离开关时，检查三相同期，拉合到位；主变压器调压时检查分接开关实际位置；挂地线后检查接地牢固可靠，接地线不得缠绕。操作结束，在操作票盖"已执行"章，并记录操作结束时间。

三、操作票填写规范

（一）操作票的填写内容

（1）拉合断路器、隔离开关、接地开关等。

（2）拉合断路器、隔离开关、接地开关后检查设备的实际分合位置。

（3）验电（含间接验电）和挂、拆地线。

（4）使用高压带电显示装置验电。

（5）拉合隔离开关、隔离手车和手车式断路器从运行位置拉出或推入运行位置前，检查断路器确在分闸位置。

（6）检修设备和可能来电侧的隔离开关，断开机构箱、汇控箱内控制电源和电机电源。

（7）拉合断路器控制、信号电源。

（8）给上或取下手车式断路器、隔离手车的二次插件。

（9）投停站用变压器，合上（安装）或断开（拆除）控制回路或电压互感器回路的熔断器（保险）、空气开关。

（10）投入、退出保护及自动装置，投入时应按照装置、功能、出口的顺序投入，退出反之。

（11）进行倒负荷或并列、解列操作前后，检查相关电源运行及负荷分配（检查三相电流平衡），并记录实际电流值。

（12）母线充电或母线电压互感器送电后，检查母线电压指示；倒母线后、拉开母联断路器前，检查母联断路器电流数值。

（13）改变主变压器、站用变压器和消弧线圈分头（手动调谐时）。

（14）投、停遥控装置。

（15）线路转检修，线路出口隔离开关及旁路隔离开关（如有旁路）悬挂或拆除标示牌。

（16）设备检修后合闸送电前，检查待送电范围内接地开关确已拉开，接地线已拆除。

（17）倒母线操作过程中在拉开母联断路器前要检查除母联隔离开关、分段隔离开关、电压互感器隔离开关外其余隔离开关已全部拉开。

（18）母线侧隔离开关操作后，检查母差保护装置隔离开关指示位置与实际位置一致。

（19）投入自动装置时，检查自动装置满足投入条件，且已正常充电。

（20）对有 AVC 控制的变电站，在站端停、送无功设备操作前，应确认 AVC 已退出，切换该断路器的"远方/就地"控制手把或打开遥控压板。

（21）拉合变压器的冷却器电源和有载调压电源。

（22）主变压器停电操作开始时和送电结束后，切换主变压器消防系统启动方式。

（二）可以不用操作票的工作

（1）事故紧急处理。

（2）拉合断路器（开关）的单一操作。

（3）程序操作。

上述操作完成后应在交接班日志里做好记录，事故紧急处理应保存原始记录。事故处理的善后操作应使用操作票。

四、一键顺控

（一）作用

传统倒闸操作必须要经过唱票、复诵、操作以及状态核对等人工步骤，使用一键顺控系统后，运维人员只要动动手指点击指令，即可实现电气设备运行状态的自动转换，在大大减少人工操作项目、减少操作时间中发挥着重要作用。也为发展智能电网、减人增效提供了技术支持，进一步提升了变电运维本质安全水平和供电可靠性。

（二）概述

一键顺控是将变电站的常见操作在监控后台或专用服务器上编制成操作模块按钮，操作人员在操作时不需要编制内容具体的操作票，只需要根据操作任务名称调用"一键顺控"按钮对应的操作票进行操作即可完成目的操作。

一键顺控操作票是存储在变电站中用于一键顺控的操作序列，包含操作当前设备态、目标设备态、操作任务名称、操作项目、操作条件、目标状态，在一键顺控功能投运前应调试验证通过。

一键顺控可实现操作项目软件预制、操作任务模块式搭建、设备状态自动判别、防误联锁智能校核、操作步骤一键启动、操作过程自动顺序执行。

（三）实现功能

（1）实现组合式电器，敞开式电器，充气式、固体绝缘开关柜"运行、热备用、冷备用"三种状态间的转换操作。

（2）实现倒母线、主变压器中性点切换、终端变电站电源切换操作。

第二节　单一设备倒闸操作

一、拉合断路器

（一）技术要求

（1）操作控制开关（按钮）拉合断路器时，操作时间适当，在分合闸位置保持 1～2s 为宜，确保分合有效。

（2）断路器合闸送电，特别是跳闸试送时，人员应远离现场，以免发生意外。

（3）断路器应远方分合闸，不允许带电就地分合闸。

（4）断路器经拉合后，应立即检查有关信号和测量仪表的指示，同时应到现场检查其实际分合位置，保证断路器动作的准确性。

（二）检查项目

1. 断路器分闸后的检查项目

（1）监控系统位置指示应在分闸位置。

（2）监控系统电流、功率显示为零。

（3）操动机构的分合指示器应在分闸位置。

（4）设备如有电流表指示，应为零。

2. 断路器合闸后的检查项目

（1）监控系统位置指示应在合闸位置。

（2）监控系统电流、功率值指示正常。

（3）操动机构的分合指示器应在合闸位置。

（4）设备电流表指示值正常、线路侧带电显示装置三相显示正常。

（5）给母线充电后，母线三相电压的指示应正确。

（6）合上变压器电源侧断路器后，变压器的声音应正常。

（7）检查重合闸充电指示正常。

（三）注意事项

（1）检查断路器位置要结合监控指示、分合闸指示器、拉杆拐臂状态等综合判断，至少要有两个及以上非同源的指示发生相应变化才能确认断路器已操作到位，禁止仅凭一种信号变化判断断路器位置。

（2）禁止擅自使用解锁钥匙解锁操作。

二、拉合隔离开关

（一）技术要求

（1）操作隔离开关前，应先检查相应断路器、接地隔离开关确已拉开，确认送电范围内接地线已拆除。

（2）操作电动机构隔离开关时，应先合上隔离开关操动机构电机电源开关。

（3）电动操作隔离开关一般应在监控系统上进行，当远控失灵时，可进行现场就地操作，但必须满足"五防"要求。

（4）隔离开关操作结束，操作人员应在现场逐相检查实际位置，动触头插入是否到位和接触良好，拐臂是否到达指定位置，确保隔离开关分合到位。

（二）操作要求

（1）手动拉开隔离开关时，应按照"慢—快—慢"的原则进行。刚开始应操作放慢，其目的在于再次确认操作对象，同时检查隔离开关是否存在卡涩等情况；接着应迅速拉开，其目的在于在切断少量负荷电流或用隔离开关解环操作时，迅速拉开，有助于灭弧；当隔离开关要完全拉开时，应放慢，以防止大力撞击造成绝缘子损坏。

（2）手动合上隔离开关时应迅速果断，在快合到位时不能用力过猛，以防撞击损坏触头和绝缘子。如果出现误合时，不允许再拉开。

（3）允许用隔离开关进行的操作包括：

1）拉合无故障的电压互感器和无雷击时的避雷器。

2）拉合变压器中性点接地隔离开关，但当中性点经消弧线圈接地时，只有在系统没有接地故障时才能进行。

3）拉合断路器旁路电流。

4）拉合励磁电流不超过 2A 的空载变压器和电容电流不超过 5A 的空载线路。

5）拉合 220kV 及以下母线充电电流。

（4）禁止用隔离开关进行的操作包括：

1）带负荷拉合隔离开关。

2）雷电天气时拉合避雷器。

3）系统有接地故障时，拉合中性点消弧线圈。

4）用隔离开关将带负荷的电抗器短接或解除短接。

5）用母线隔离开关拉合母线系统的环路。

（三）注意事项

（1）拉合单相式隔离开关时，应先拉开中相，后拉开边相，合闸时顺序相反，如果操作一相后发现错误，则不应继续操作其他两相。

（2）隔离开关操作过程中，如有振动、卡滞、动静触头接触不良、合闸不到位等现象时应立即停止操作，不得强行操作，待问题消除后才能继续操作。

三、验电以及挂、拆接地线

（一）验电操作

电气设备接地前必须进行验电，验电的方法及注意事项如下：

（1）高压验电时，操作人员必须戴绝缘手套、穿绝缘鞋。

（2）验电时必须使用电压等级合适、试验合格的接触式验电器。验电前，应先在同电压等级的有电设备上试验验电器，确保良好才能使用。

（3）在停电设备的各侧以及需要短路接地的部位分相进行验电。

（4）雨天室外验电时，禁止使用普通的验电器或绝缘拉杆，以免其受潮闪络或沿面放电，引起事故，应该使用带防雨罩的绝缘工器具，并穿绝缘靴。

（5）对于非敞开设备无法直接验电时，可通过检查带电显示装置或电压表来间接验电。

（二）接地线操作

（1）装设接地线之前必须对接地线进行检查，重点检查接地线夹端部牢固完好。

（2）挂地线前必须验电，验明设备确无电压后，立即将停电设备接地并三相短路，操作时，先装接地端，后挂导体端，拆地线的顺序与挂地线时相反。

（3）挂、拆接地线时，操作人员必须使用绝缘杆并戴绝缘手套，条件允许时，应尽量使用装有绝缘手柄的地线或以接地开关代替接地线。

（4）所挂地线应与带电设备保持足够的安全距离。

（5）必须使用合格的接地线，其截面应满足要求，且无断股，严禁将地线缠绕在设备上，或将接地端缠绕在接地体上。

（6）拆接地线时，操作人员站位应避开接地线正下方，避免接地线掉落砸伤。

四、分接开关操作

（一）操作方式

变压器调压分接开关的操作方式分为近控操作与远控操作。

（1）近控操作是指在主变压器调压控制箱内就地进行操作，近控操作包括电动操作与手动操作，如果调压自动装置失灵可以手动调压，但应在专业人员指导下进行，手动调压前应先切断调压装置的控制电源，然后用操作把手调压到指定位置。

（2）远控操作是指运维人员通过后台机对分接开关进行的操作。

（二）操作要求

（1）手动操作需确定分接头调节方向。

（2）调整后，检查分接头挡数变化是否正常，分相变压器需要检查三相是否一致。

（3）有载开关每操作一挡后，应间隔 1min 后操作。

（4）每调节一挡应检查母线电压指示是否正确变化。

（三）注意事项

（1）在就地操作的情况下，当分接开关处于极限位置又必须手动操作时，必须确定操作方向无误后进行。

（2）分接开关操作必须在一个分接变换完成后方可进行第二次分接变换。操作时应同时观察电压棒图及各侧电流的变化情况，不允许出现回零、突跳、无变化等异常情况，分接位置指示器及计数器的指示应有相应变动。

（3）当变动分接开关操作电源后，在未确定电源相序连接正确前，禁止在极限位置进行电气操作。

（4）三台单相变压器组的有载调压装置，应采用三相同步远方或就地操作并必须具备失步保护。在操作过程中，如果一相或两相出现故障导致三相位置不同，应中止操作，将三相分接位置调齐，并报修，修复前不允许进行分接变换。

（5）分相变压器有载调压装置，只有在不带负荷的情况下，方可分相操作。但同时要注意，三相分接开关依次完成一个分接变换后，方可进行第二次分接变换，不允许在一相上连续进行多次分接变换；分接变换时，应密切观察电压棒图与电流变化情况；操作结束后，应检查三相分接开关位置是否一致。

（6）多台变压器并联运行时，变压器的额定负荷电流大于85％时禁止进行分接变换；每台变压器分接开关依次完成一个分接变换后，方可进行第二次分接变换，不允许在单台上连续进行多次分接变换。每完成一组分接变换后，应检查电压棒图与电流变化情况；升压操作时，应先操作负荷电流较低的一台变压器；降压操作，反之亦然。操作完毕需再次检查两台变压器的负荷电流大小。

（7）若有载调压变压器与无励磁调压变压器并联运行时，应预先将有载调压变压器分接位置调到与无励磁调压变压器一致的位置，然后拉开有载调压装置的控制电源后，再并联运行。

（8）当有载调压变压器过负荷1.2倍运行时，禁止分接开关变换操作并闭锁。

五、熔断器侧操作

变电站中的熔断器一般装在10kV或35kV TV柜的一次侧，对于电压互感器本体的各种短路故障起到保护作用。110kV及以上电压等级一般不装设熔断器，这是因为110kV及以上的电压互感器一般采用串级绝缘结构，绝缘裕度大，内部线圈发生短路故障的可能性较小。而外部则采用引线硬连接，也不易发生相间短路故障。此外，110kV及以上系统一般为大电流接地系统，每相电压互感器只承受相电压，一般不会承受线电压。

（一）注意事项

（1）更换熔断器应戴护目镜和绝缘手套，更换一次熔断器应停电，以防触电。

（2）更换熔断器前应清除熔断器壳体和触点之间的碳化导电薄层；应选择同型号、材料、尺寸、电流值更换熔断器；安装时，既要保证压紧接牢，又要避免拉过紧而使熔断电流改变。

（3）为了防止保护误动作，应提前退出与电压量相关的保护压板。

（二）更换电压互感器熔断器操作流程

（1）联系集控退出AVC。

（2）拉开电压互感器所在母线所有电容器间隔断路器。

（3）将电压互感器所在母线所有电容器间隔断路器的远方就地手把由"远方"改为"就地"。

（4）退出母联备自投。

（5）退出变压器差动保护的低电压闭锁保护压板。

（6）退出低频低压减载保护。

（7）拉开电压互感器二次空气开关。

（8）将电压互感器间隔转至检修位置。

（9）带护目镜和绝缘手套，更换同型号同容量的三相 TV 熔断器。

六、变电站交直流电源系统操作

（一）低压系统操作要求

（1）站用变压器低压系统属于自负操作设备，但站用变压器高压侧断路器应经调度许可。

（2）站用变压器低压系统的操作由值班负责人发令。站用变压器送电时，应先送电源侧（高压侧），后送负荷侧（低压侧）；站用变压器停电时，反之亦然。

（3）两台站用变压器低压侧原则上不能并列运行，故停电时先拉开需停运的站用变压器低压断路器，再合上低压母线联络断路器；送电时，反之亦然。

（4）站用变压器倒闸操作要迅速，尽量缩短停电时间。

（二）直流电源系统操作要求

（1）两组蓄电池组的直流电源系统应满足在运行中两段母线切换时不中断供电的要求，切换过程中允许两组蓄电池短时并联运行，禁止在两系统都存在接地故障情况下进行切换。

（2）直流母线在正常运行和改变运行方式的操作中，严禁发生直流母线无蓄电池组的运行方式。

（3）充电装置在检修结束恢复运行时，应先合交流侧断路器，再带直流负荷。

七、保护装置的操作

（一）操作原则

1. 操作方式

随着智能变电站的不断升级改造，保护屏上传统机械形式的功能压板逐步被微机控制字的形式所取代，而且增加了 GOOSE 软压板、SV 软压板等。为了区别压板的操作形式，一般将通过物理形式通断回路连接的压板称为硬压板，通过微机程序改变保护逻辑的压板称为软压板。

硬压板的操作方式只有就地操作的方式，而软压板分为就地操作与远方操作。就地操作方式是指在保护装置操作屏上就地进行操作，由保护人员进行；远方操作方式是指通过监控后台机对软压板进行的操作。

2. 操作要求

（1）确定正确的保护屏（软压板：进入正确的间隔分图）。

（2）检查压板投退是否到位（软压板：在后台机投退后需检查相应保护屏的软压板是否对应，进行双确认）。

3. 注意事项

（1）设备不允许无保护运行，定值正确，压板在规定位置。

（2）倒闸操作中一般不必退出保护。但在下列情况下必须采取措施：倒闸操作改变运行方式，可能引起某些保护误动作应提前停用；操作过程中可能诱发某些联动跳闸装置动作时，应预先停用。

（3）继电保护及自动装置投入时，应先投交流电源、后投直流电源，检查装置工作正常后再投入压板；投入直流电源时，应先投负极，后投正极，停用时相反；操作压板时，防止触碰外壳。

（4）倒闸操作中，如无特殊要求，继电保护及自动装置的操作只操作压板，不中断装置电源；如需将装置电源中断，则应先断开出口压板，再断开直流电源。

（二）MU 典型操作

为了更直观地了解软压板的功能，采用数据流的方式来模拟保护的判断逻辑。智能变电站的线路保护配置如图 3-2 所示，连接线指示了数据的流向。每个装置间的数据传输点都对应一个软压板，如线路 MU Ⅰ与线路保护装置Ⅰ间，线路保护装置Ⅰ接收线路 MU Ⅰ的数据，则线路保护装置Ⅰ设置一个 SV 接收软压板；母线保护装置Ⅰ接收线路 MU Ⅰ和母线 MU Ⅰ的数据，则母线保护装置Ⅰ设置一个线路 SV 接收软压板和母线 SV 接收软压板；线路保护装置Ⅰ与母线保护装置Ⅰ之间通过 GOOSE 交换机传递启动失灵、闭锁重合闸、远跳等信号，则在线路保护装置Ⅰ设置启动失灵软压板，在母线保护装置Ⅰ设置失灵开入软压板。线路保护装置Ⅰ与母线保护装置Ⅰ会向智能终端Ⅰ发出跳闸指令，则分别在线路保护装置Ⅰ与母线保护装置Ⅰ设置跳闸出口软压板。保护装置配置了各种保护功能的功能软压板。

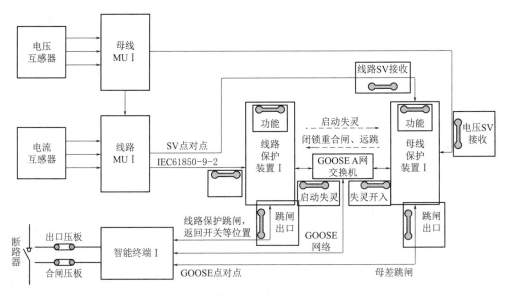

图 3-2 智能变电站线路保护配置图

电流互感器的二次数据传到线路 MU 中，线路 MU 从母线 TV 的 MU 取到电压的二次数据一起发送给线路保护装置。线路保护装置在 SV 接收投入的情况下，接收 MU 数据并根据功能压板的投退情况进行相应的逻辑运算。如果出现故障需要跳闸，则通过跳闸出口软压板向智能终端发送跳闸信息，智能终端接受跳闸信号后通过跳闸出口硬压板将断路器跳开。如果断路器拒动无法切除故障，则线路保护装置在启动失灵压板投入的情况下，通过 GOOSE 网将信号发给母线保护。母线保护在对应间隔失灵开入投入的情况下，接受启动失灵信号并向其他智能终端发送信号最终跳开母线。

操作步骤如下：

（1）投退保护（母线、线路、主变压器）。

1）投入本保护 SV 接收软压板、GOOSE 接收软压板（失灵开入）。

2）投入本保护功能软压板，并检查保护装置没有异常信号。

3）投入本保护跳闸软压板（GOOSE 出口软压板）。

退出保护顺序相反。

（2）投退线路间隔 MU A（线路停电）。

1）退出 A 套母差对应间隔 SV 投入软压板、失灵开入软压板。

2）退出本间隔 A 套线路保护。

投入 MU 顺序相反。

（3）投退线路间隔 MU A（不停电）。

1）退出母线 A 套差动保护。

2）退出本线路 A 套保护。

注：如果是受总 MU，需要把主变压器保护 A 套退出。

投入 MU 顺序相反。

第三节　线路单元倒闸操作

一、操作原则

（一）一般线路

线路停电操作应先拉开线路断路器，再拉开线路侧隔离开关；最后拉开母线侧隔离开关；线路送电操作与之相反。在正常情况下，线路断路器在断开状态时，先拉线路侧隔离开关还是母线侧隔离开关影响都不大，之所以要遵循一定的顺序，是为了防止当断路器发生假分或偷合时造成带负荷拉合隔离开关事故，可将事故范围降低到最小。如图 3-3 所示，断路器 QF 在合位，若先拉隔离开关 QS2（线路侧隔离开关），发生带负荷拉隔离开关故障时，线路保护动作，使断路器 QF 跳闸，仅停本线路；若先拉隔离开关 QS1，发生带负荷拉隔离开关故障时，母差保护动作，将造成母线上的所有元件停电，扩大事故范围。

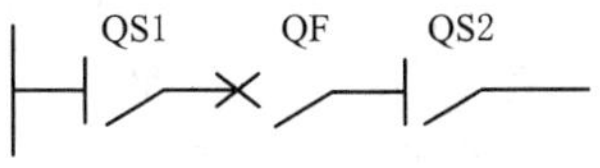

图 3-3　典型线路接线图

（二）3/2 断路器

线路停电操作时，先拉开中间断路器，后拉开母线侧断路器；拉开隔离开关时，先拉开负荷侧隔离开关，再拉开母线侧隔离开关。送电操作与之相反。

在正常情况下，先拉合中间断路器，还是后拉合中间断路器都没有影响，之所以遵循一定的顺序，是为了防止停送电操作时一旦出现故障，将造成同串的线路或变压器停电，扩大事故范围。若先断开中间断路器，再拉开边断路器时发生故障，则母差保护动作跳开母线上所有断路器，切除母线故障其他线路可以继续运行；如果先拉开边断路器，再拉开中断路器时发生故障，将导致本串上另外一条线路停电。

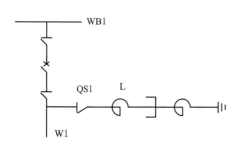

图 3-4 带并联电抗器的线路接线图

（三）线路并联电抗器

在超高压电网中，为了降低线路电容效应引起的工频电压升高，在线路上并联电抗器，如图 3-4 所示，图中 WB1 为母线，W1 为电抗器 L 并接点，图中电抗器未装断路器。停送电操作，应在线路无电压时才能拉合 QS1 隔离开关。线路运行时，电抗器 L 一般不退出运行，当需要退出电抗器 L 时，应经过计算，电抗器 L 退出后，线路运行时的工频电不能升高超过允许值。

（四）线路同期合闸

500kV 变电站、220kV 枢纽变电站以及网间联络线、发电厂并网线路、可能独立运行的地区电网联络线、发电厂母线、有发电厂接入的变电站母线开关等均应装设同期并列装置，并具备同期并列能力。同期并列装置是电网运行和事故处理中使用的重要自动装置之一。

线路同期合闸分为检同期合闸和准同期合闸两种。

（1）检同期合闸：也称合环，一般用于同一系统内的断路器同期合闸。特点是断路器两端的系统频率是相同的。检同期合闸的主要允许判断条件是：

1）并列点电压相序一致。

2）断路器两侧的相位差小于定值。

3）断路器两侧的电压差在定值范围之内。

只要这三个条件满足，测控装置的断路器合闸出口触点就会立刻闭合。

（2）准同期合闸：一般用于两个不同系统之间的断路器同期合闸。特点是断路器两端的系统频率不相同，需要捕捉同期。准同期合闸的主要允许判断条件为：

1）两侧电压差小于定值。

2）两侧的相角差小于或等于 30°。

3）两侧的频率差小于定值。

在以上条件均满足的情况下，测控装置将根据合闸导前时间定值自动修正合闸角度，以保证断路器在 0°角时刻合闸，对系统产生的冲击最小。

概念上同期操作分为两种，检同期判断时间短，准同期需要较长的捕捉时间，而通常所说的同期是"准同期操作"，一般监控设置判断时间为 30~45s。变电站通常在监控装置中的集成了"自动准同期"功能，此种方式灵活方便，可以进行不同相和不同幅值的电压灵活配置。

拉合环操作应注意以下事项：①合环前必须确认并列点两端电压相位一致，处于允许同期状态，否则，应进行同期检查；②拉合环路前，须考虑因此带来的潮流变化会不会引起设备过负荷或电压异常波动等危及系统稳定的问题；③若拉合环产生的环流过大，应对环路参数进行调整，并停用可能误动的保护。

二、一般线路停送电操作

（一）注意事项

（1）操作隔离开关前，必须确认断路器在分位，防止带负荷拉合隔离开关。

（2）隔离开关操作时，应到现场逐相检查位置，确保隔离开关动作准确到位。

（3）断路器、隔离开关、接地隔离开关之间安装有闭锁装置，应按程序操作，当出现闭锁无法继续操作时，应查明原因，不可擅自解锁操作。

（4）在停电操作中，断路器的控制电源应在拉开隔离开关之后拉开。当断路器出现假分或偷合时，若继续操作隔离开关，将造成带负荷拉隔离开关，此时断路器的保护装置可动作于跳闸，保护人身安全。

（5）在送电操作中，断路器的控制电源应在合上隔离开关之前恢复。在恢复控制电源后，可以检查保护装置和控制回路状态良好，如有问题可及时处理。其次在合上隔离开关前恢复控制电源，此时断路器的保护装置亦可动作于跳闸，保护人身安全。

（二）线路停电操作过程

（1）检查线路带电显示装置指示正常。

（2）拉开断路器。

（3）检查断路器机械位置指示与监控系统指示已拉开。

（4）拉开线路侧隔离开关。

（5）检查线路侧隔离开关机械位置指示与监控系统指示已拉开。

（6）拉开母线侧隔离开关。

（7）检查母线侧隔离开关机械位置指示与监控系统指示已拉开。

（8）检查母线侧隔离开关位置与母线保护屏隔离开关位置指示一致。

（9）在母线侧隔离开关断路器侧验电，应无电。

（10）在母线侧隔离开关与断路器间封地。

（11）在线路侧隔离开关断路器侧验电，应无电。

（12）在线路侧隔离开关与断路器间封地。

（13）在线路侧隔离开关线路侧验电，应无电。

（14）在线路侧隔离开关线路侧封地。

（15）拉开断路器控制开关和隔离开关控制电源。

（16）在线路侧隔离开关操作机构处挂"禁止合闸，线路有人工作"标示牌。

（三）线路送电操作过程

（1）拆线路侧隔离开关操作机构处"禁止合闸，线路有人工作"标示牌。

（2）合上断路器控制开关和隔离开关控制电源。

（3）拆线路侧隔离开关线路侧地线。

（4）拆线路侧隔离开关与断路器间地线。

（5）拆母线侧隔离开关与断路器间地线。

（6）检查送电范围内接地隔离开关已拉开，接地线已拆除。

（7）检查断路器机械位置指示与监控系统指示已拉开。

（8）合上母线侧隔离开关。

（9）检查母线侧隔离开关机械位置指示与监控系统指示已合上。

（10）检查母线侧隔离开关位置与母线保护屏隔离开关位置指示一致。

（11）合上线路侧隔离开关。

（12）检查线路侧隔离开关机械位置指示与监控系统指示已合上。

（13）合上断路器。

（14）检查断路器机械位置指示与监控系统指示已合上。

三、手车开关（开关柜）线路停送电操作

（一）注意事项

（1）手车式断路器只允许停留在运行位置、试验位置、检修位置，不得停留在其他位置。

（2）手车式断路器在工作位置和试验位置都应用机械联锁把手车锁定。推拉到工作位置或试验位置时应有明显的声音或位置指示。

（3）手车开关推入开关柜前，应检查断路器确在分位，检查触头是否完好无损，无试验接线、工具等杂物。推入时应对准导轨，防止出现偏差使触头撞击柜体损坏。

（4）手车开关在进行热备用和运行状态切换的过程中应远方操作，禁止人员逗留。

（5）手车开关拉出后，内部隔板应完全关闭，禁止人员打开，谨防触电，并且手车开关拉出后应有防滑动措施。

（二）手车开关（开关柜）线路停电过程

（1）检查线路带电显示装置指示正常。

（2）拉开断路器。

（3）检查断路器机械位置指示与监控系统指示已拉开。

（4）将开关柜断路器远方就地手把由远方改投就地位置。

（5）将断路器小车由运行位置拉至试验位置。

（6）在线路侧间接验电。

（7）检查线路带电显示装置三相无电。

（8）合上接地开关。

（9）检查接地开关机械位置指示与监控系统指示已合上。

（10）拉开断路器控制开关。

（11）拉开断路器储能开关。

（12）取下小车二次插件。

（13）将断路器小车由试验位置拉至检修位置。

（14）在小车操作机构处挂"禁止合闸，线路有人工作"标示牌。

（三）手车开关线路送电过程

（1）拆小车操动机构处挂"禁止合闸，线路有人工作"标示牌。

（2）检查断路器机械位置指示与监控系统指示已拉开。

（3）将断路器小车由检修位置推入试验位置。

（4）给上小车插件。

（5）合上断路器控制开关。

（6）合上断路器储能开关。

（7）拉开接地开关。

（8）检查接地开关机械位置指示与监控系统指示已拉开。

（9）检查送电范围内接地隔离开关已拉开，接地线已拆除。

（10）检查断路器机械位置指示与监控系统指示已拉开。

（11）将断路器小车由试验位置推入运行位置。

（12）将开关柜远方就地手把由就地改投远方位置。

（13）合上断路器。

（14）检查断路器机械位置指示与监控系统指示已合上。

四、3/2 接线的线路停送电操作

（一）注意事项

（1）线路运行转检修后，应将电压互感器二次开关断开；检修转入运行前，应将电压互感器二次开关合上。

（2）线路方式调整后，及时调整同串相邻线路中断路器检修状态手把位置。

（二）停电操作过程

（1）拉开中断路器。

（2）检查中断路器机械位置指示与监控系统指示已拉开。

（3）拉开边断路器。

（4）检查边断路器机械位置指示与监控系统指示已拉开。

（5）拉开中断路器停电侧隔离开关。

（6）检查中断路器停电侧隔离开关机械位置指示与监控系统指示已拉开。

（7）拉开中断路器另一侧隔离开关。

（8）检查中断路器另一侧隔离开关机械位置指示与监控系统指示已拉开。

（9）拉开边断路器线路侧隔离开关。

（10）检查边断路器线路侧隔离开关机械位置指示与监控系统指示已拉开。

（11）拉开边断路器母线侧隔离开关。

（12）检查边断路器母线侧隔离开关机械位置指示与监控系统指示已拉开。

（13）在边断路器与母线侧隔离开关间验电，应无电。

（14）在边断路器与母线侧隔离开关间封地。

（15）在边断路器与线路侧隔离开关间验电，应无电。

（16）在边断路器与线路侧隔离开关间封地。

（17）在中断路器与停电侧隔离开关间验电，应无电。

（18）在中断路器与停电侧隔离开关间封地。

（19）在中断路器与另一侧隔离开关间验电，应无电。

（20）在中断路器与另一侧隔离开关间封地。

（21）在边断路器线路侧隔离开关与中断路器停电侧隔离开关间验电，应无电。

（22）在边断路器线路侧隔离开关与中断路器停电侧隔离开关间封地。

（23）拉开 CVT 二次开关。

（24）投入停电线路保护屏中断路器检修压板。

（25）拉开断路器控制开关。

（三）3/2 接线的线路送电操作过程

（1）合上断路器控制开关。

（2）退出停电线路保护屏中断路器检修压板。

（3）合上 CVT 二次开关。

（4）拆边断路器与母线侧隔离开关间地线。

（5）拆边断路器与线路侧隔离开关间封地。

（6）拆中断路器与停电侧隔离开关间地线。

（7）拆中断路器与另一侧隔离开关间地线。

（8）拆边断路器线路侧隔离开关与中断路器停电侧隔离开关间地线。

（9）检查送电范围内接地隔离开关已拉开，接地线已拆除。

（10）检查边断路器机械位置指示与监控系统指示已拉开。

（11）合上边断路器母线侧隔离开关。

（12）检查边断路器母线侧隔离开关机械位置指示与监控系统指示已合上。

（13）合上边断路器线路侧隔离开关。

（14）检查边断路器线路侧隔离开关机械位置指示与监控系统指示已合上。

（15）检查中断路器机械位置指示与监控系统指示已拉开。

（16）合上中断路器另一侧隔离开关。

（17）检查中断路器另一侧隔离开关机械位置指示与监控系统指示已合上。

（18）合上中断路器停电侧隔离开关。

（19）检查中断路器停电侧隔离开关机械位置指示与监控系统指示已合上。

（20）合上边断路器。

（21）检查边断路器机械位置指示与监控系统指示已合上。

（22）合上中断路器。

（23）检查中断路器机械位置指示与监控系统指示已合上。

五、旁路带路操作

（一）注意事项

（1）旁路断路器串带线路断路器运行时，投入的保护应与线路断路器保护一致。

（2）操作开始应先合上旁路断路器给旁路母线充电，确保旁路母线可以正常运行。

（二）带路操作过程

（1）检查旁路断路器两侧隔离开关已合上并与线路断路器运行方式一致。

（2）检查旁路断路器与线路断路器保护压板相符及定值相同。

（3）合上旁路断路器。

（4）检查旁路断路器机械位置指示与监控系统指示已合上。

（5）检查旁路母线三相电压指示正常。

（6）拉开旁路断路器。

（7）检查旁路断路器机械位置指示与监控系统指示已拉开。

（8）合上线路断路器旁路母线侧隔离开关。

（9）检查线路断路器旁路母线侧隔离开关机械位置指示与监控系统指示已合上。

（10）合上旁路断路器。

（11）检查旁路断路器机械位置指示与监控系统指示已合上。

（12）检查线路与旁路负荷分配正常。

（13）拉开线路断路器。

（14）检查线路断路器机械位置指示与监控系统指示已拉开。

（15）拉开线路断路器线路侧隔离开关。

（16）检查线路断路器线路侧隔离开关机械位置指示与监控系统指示已拉开。

（17）拉开线路断路器母线侧隔离开关。

（18）检查线路断路器母线侧隔离开关机械位置指示与监控系统指示已拉开。

（19）检查线路断路器母线侧隔离开关位置与母线保护屏隔离开关位置指示一致。

（20）在母线侧隔离开关与线路断路器侧间验电，应无电。

（21）在母线侧隔离开关与线路断路器侧间封地。

（22）在线路侧隔离开关与线路断路器间验电，应无电。

（23）在线路侧隔离开关与线路断路器间封地。

（24）拉开线路断路器控制电源。

（25）拉开线路隔离开关控制电源。

（26）投入旁路断路器重合闸。

（三）恢复操作过程

（1）退出旁路断路器重合闸。

（2）合上线路断路器控制电源。

（3）合上线路隔离开关控制电源。

（4）拆母线侧隔离开关与线路断路器侧间地线。

（5）拆线路侧隔离开关与线路断路器间地线。

（6）检查送电范围内接地开关已拉开、接地线已拆除。

（7）检查线路断路器机械位置指示与监控系统指示已拉开。

（8）合上线路断路器母线侧隔离开关。

（9）检查线路断路器母线侧隔离开关机械位置指示与监控系统指示已合上。

（10）检查线路断路器母线侧隔离开关位置与母线保护屏隔离开关位置指示一致。

（11）合上线路断路器线路侧隔离开关。

（12）检查线路断路器线路侧隔离开关机械位置指示与监控系统指示已合上。

（13）检查线路与旁路负荷分配正常。

（14）合上线路断路器。

（15）检查线路断路器机械位置指示与监控系统指示已合上。

（16）检查线路与旁路负荷分配正常。

（17）拉开旁路断路器。

（18）检查旁路断路器机械位置指示与监控系统指示已拉开。

（19）检查线路与旁路负荷分配正常。

（20）拉开线路断路器旁路母线侧隔离开关。

（21）检查线路断路器旁路母线侧隔离开关机械位置指示与监控系统指示已拉开。

第四节 母线单元倒闸操作

一、操作原则

（一）倒母线操作

双母结构母线侧隔离开关操作分为热倒母线和冷倒母线两种方式，热倒母线应该遵循"先合后拉"的原则，冷倒母线应该遵循"先拉后合"的原则。热倒母线即为该间隔在运行状态（断路器在合位）时的隔离开关合分操作，应先合上备用母线隔离开关后再拉开另一组工作的母线隔离开关，要求母联断路器必须在合位以保证两条母线是等电位状态。这样当同一间隔的两把隔离开关均为合位时，再拉开要停电母线的隔离开关时，实为用隔离开关等电位操作。

热倒母线过程中最怕母联断路器偷跳导致两条母线电位不等，存在带负荷拉隔离开关的风险并发生弧光短路。为了防止母联断路器偷跳，在母线隔离开关倒爪操作之前应拉开母联断路器的控制电源。此时若母线发生短路故障，母线差动保护动作发出跳母联断路器指令，母联断路器因失去控制电源无法动作会导致故障范围扩大，所以此时在拉母联断路器控制电源前一般要投入双母线的互联压板。

冷倒母线即为该间隔在备用状态（断路器在分位）时的隔离开关分合操作，应先拉开工作的母线隔离开关再合入另一组备用的母线隔离开关。遵循线路的停送电顺序，同一间隔的线路侧隔离开关和母线侧隔离开关之间有"五防"锁（线路停电时先拉线路侧隔离开关，再拉母线侧隔离开关），所以在冷倒母线的过程中会涉及母线侧隔离开关的解锁操作，需谨慎对待。

（二）母线充电

母线送电时，必须选择带有速断保护的断路器进行，原则上应选择带充电保护的母联断路器对母线充电，一般不用隔离开关对母线充电。用母联断路器充电时，其充电保护必须投入，充电正常后应退出充电保护。

二、单母线停送电操作

（一）注意事项

停电时，先将母线上的出线线路逐一停电，再停母线；送电时相反，先合母线的主变压器间隔（单元）隔离开关、断路器，再逐一给线路送电。当然，所有的断路器、隔离开关操作顺序都是：停电时先拉断路器再拉隔离开关，送电时顺序相反。

带有电容器组的母线停电时，要先停电容器组，再停出线线路；送电时顺序与之相反，目的为防止电容器组反充电，造成事故。

母联或分段断路器有备自投时，在拉开电源断路器前，务必确保备自投装置已退出，防止出现自投合母联或分段断路器的情况，以免造成事故。

（二）单母线接线的母线停电操作

（1）确认所有出线间隔母线侧隔离开关均已拉开。

（2）拉开电源断路器。

（3）检查电源断路器机械位置指示与监控系统指示已拉开。

（4）检查母线电压三相指示为零。

（5）拉开电源断路器母线侧隔离开关。

（6）检查电源断路器母线侧隔离开关机械位置指示与监控系统指示已拉开。

（7）拉开电源断路器电源侧隔离开关。

（8）检查电源断路器电源侧隔离开关机械位置指示与监控系统指示已拉开。

（9）拉开电源断路器两侧隔离开关控制电源。

（10）拉开电压互感器二次开关。

（11）拉开电压互感器隔离开关。

（12）检查电压互感器隔离开关机械位置指示与监控系统指示已拉开。

（13）在电压互感器隔离开关与电压互感器间验电，应无电。

（14）合上电压互感器隔离开关电压互感器侧接地隔离开关。

（15）检查电压互感器隔离开关电压互感器侧接地隔离开关机械位置指示与监控系统指示已合上。

（16）拉开电压互感器隔离开关及接地隔离开关控制电源。

（17）在母线接地隔离开关母线侧验电，应无电。

（18）合上母线接地隔离开关。

（19）检查母线接地隔离开关机械位置指示与监控系统指示已合上。

（三）单母线接线的母线送电操作

（1）拉开母线接地隔离开关。

（2）检查母线接地隔离开关已拉开。

（3）合上电压互感器隔离开关及接地隔离开关控制电源。

（4）拉开电压互感器隔离开关电压互感器侧接地隔离开关。

（5）检查电压互感器隔离开关电压互感器侧接地隔离开关机械位置指示与监控系统指示已拉开。

（6）检查送电范围内接地隔离开关已拉开，接地线已拆除。

（7）合上电压互感器隔离开关。

（8）检查电压互感器隔离开关已合上。

（9）合上电压互感器二次开关。

（10）合上电源断路器两侧隔离开关控制电源。

（11）检查电源断路器机械位置指示与监控系统指示已拉开。

（12）合上电源断路器电源侧隔离开关。

（13）检查电源断路器电源侧隔离开关机械位置指示与监控系统指示已合上。

（14）合上电源断路器母线侧隔离开关。

（15）检查电源断路器母线侧隔离开关机械位置指示与监控系统指示已合上。

（16）合上电源断路器。

（17）检查电源断路器机械位置指示与监控系统指示已合上。

（18）检查母线电压三相指示正常。

三、双母线停送电操作

（一）注意事项

（1）双母线接线的停送电倒母线操作时，应将母联断路器合上，并拉开控制开关，这是为了防止倒母线过程中母联断路器跳闸，此时若进行母线侧隔离开关的拉合操作，实质是在对两条母线进行带负荷并、解列操作，此时并、解列电流很大。因此，倒母线过程必须拉开母联断路器控制开关，谨防其分闸，保证操作过程中母线侧隔离开关等电位，确保安全。

（2）母线充电必须用断路器进行操作，充电时投入充电保护，充电后及时退出。

（3）拉开母联断路器前，要检查母联断路器电流指示为零，以防漏倒设备或从母线电压互感器二次侧反充电，引起事故。

（4）合入母联断路器时，应尽量减小两条母线的电位差。

（5）倒母线过程中，当拉开母线侧隔离开关后，发现同线路另一母线侧隔离开关接触不好或放弧时，应立即将拉开的隔离开关再次合上，查明原因后再继续进行操作。

（6）进行母线倒闸操作时，应注意对母差保护的影响，应根据保护规程做出相应的方式调整。

（7）母线倒闸操作时，应投入母差保护的互联压板，防止电压回路接触不良，使继电保护装置失压误动。

（8）母线倒闸操作后应检查母差保护元件是否已正常切至另一母线。各系统均运行正常，方可退出互联压板。

（9）母线倒闸操作前，应做好事故预想，防止操作过程中出现如隔离开关支柱绝缘子断裂等意外情况，从而扩大事故范围。

（10）对 GIS 设备母线进行操作前，须检查 SF_6 气体压力和密度，确保其数值在规定范围以内。

（二）停电操作

Ⅰ母停电，Ⅰ母负荷倒至Ⅱ母运行，操作过程如下：

（1）检查母联断路器在合位。

（2）投入母线保护屏投单母运行压板。

（3）投入母线保护屏互联投入压板。

（4）拉开母联断路器控制开关。

（5）合上Ⅰ母上运行的单元的Ⅱ母隔离开关。

（6）检查Ⅰ母上运行的单元的Ⅱ母隔离开关机械位置指示与监控系统指示已合上。

（7）拉开Ⅰ母上运行的单元的Ⅰ母隔离开关。

（8）检查Ⅰ母上运行的单元的Ⅰ母隔离开关机械位置指示与监控系统指示已拉开。

（9）检查Ⅰ母上除母联断路器Ⅰ母隔离开关、电压互感器隔离开关外，其余隔离开关已拉开。

（10）合上母联断路器控制开关。

（11）退出母线保护屏投单母运行压板。

（12）退出母线保护屏互联投入压板。

（13）检查母联断路器电流指示为零。

（14）拉开母联断路器。

（15）检查母联断路器机械位置指示与监控系统指示已拉开。

（16）拉开母联断路器Ⅰ母侧隔离开关。

（17）检查母联断路器Ⅰ母侧隔离开关机械位置指示与监控系统指示已拉开。

（18）拉开母联断路器Ⅱ母侧隔离开关。

（19）检查母联断路器Ⅱ母侧隔离开关机械位置指示与监控系统指示已拉开。

（20）拉开母线电压互感器二次开关。

（21）拉开母线电压互感器隔离开关。

（22）检查母线电压互感器隔离开关机械位置指示与监控系统指示已拉开。

（23）在Ⅰ母接地隔离开关母线侧验电。

（24）合上Ⅰ母接地隔离开关。

（25）检查Ⅰ母接地隔离开关机械位置指示与监控系统指示已合上。

（26）拉开所有出线单元Ⅰ母侧隔离开关控制电源。

（27）拉开母联断路器Ⅰ、Ⅱ母侧隔离开关控制电源。

（28）拉开Ⅰ母电压互感器隔离开关控制电源。

（三）送电操作

Ⅰ母线恢复正常方式运行，操作过程如下：

（1）合上所有出线单元Ⅰ母侧隔离开关控制电源。

（2）合上母联断路器Ⅰ、Ⅱ母侧隔离开关控制电源。

（3）合上Ⅰ母电压互感器隔离开关控制电源。

（4）拉开Ⅰ母接地隔离开关。

（5）检查Ⅰ母接地隔离开关机械位置指示与监控系统指示已拉开。

（6）检查送电范围内接地隔离开关已拉开，接地线已拆除。

（7）合上母线电压互感器隔离开关。

（8）检查母线电压互感器隔离开关机械位置指示与监控系统指示已合上。

（9）合上母线电压互感器二次开关。

（10）检查母联断路器机械位置指示与监控系统指示已拉开。

（11）合上母联断路器Ⅱ母侧隔离开关。

（12）检查母联断路器Ⅱ母侧隔离开关机械位置指示与监控系统指示已合上。

（13）合上母联断路器Ⅰ母侧隔离开关。

（14）检查母联断路器Ⅰ母侧隔离开关机械位置指示与监控系统指示已合上。

（15）合上母联断路器控制开关。

（16）投入母联充电压板。

（17）合上母联断路器。

（18）检查母联断路器机械位置指示与监控系统指示已合上。

（19）检查Ⅰ母三相电压指示正常。

（20）退出母联充电压板。

（21）投入母线保护屏投单母运行压板。

（22）投入母线保护屏互联投入压板。

（23）拉开母联断路器控制开关。

（24）合上Ⅰ母上运行的单元的Ⅰ母隔离开关。

（25）检查Ⅰ母上运行的单元的Ⅰ母隔离开关机械位置指示与监控系统指示已合上。

（26）拉开Ⅰ母上运行的单元的Ⅱ母隔离开关。

（27）检查Ⅰ母上运行的单元的Ⅱ母隔离开关机械位置指示与监控系统指示已拉开。

（28）检查母线运行方式已恢复至正常运行方式。

（29）合上母联断路器控制开关。

（30）退出母线保护屏投单母运行压板。

（31）退出母线保护屏互联投入压板。

四、3/2 接线母线停送电操作

（一）注意事项

停电时，先拉开停电母线的所有边断路器，再拉开停电母线所有边断路器母线侧隔离开关，然后拉开停电母线所有边断路器线路（主变压器）侧隔离开关，最后拉开该母线电压互感器二次开关。送电顺序与此相反。

（二）3/2 接线的母线停电操作

Ⅰ母停电，操作过程如下：

（1）将Ⅰ母侧断路器重合闸退出。

（2）拉开Ⅰ母侧断路器。

（3）检查Ⅰ母侧断路器机械位置指示与监控系统指示已拉开。

（4）检查Ⅰ母三相电压指示为零。

（5）拉开Ⅰ母侧断路器线路侧隔离开关。

（6）检查Ⅰ母侧断路器线路侧隔离开关机械位置指示与监控系统指示已拉开。

(7) 拉开Ⅰ母侧断路器线路侧隔离开关控制电源。

(8) 拉开Ⅰ母侧断路器母线侧隔离开关。

(9) 检查Ⅰ母侧断路器母线侧隔离开关机械位置指示与监控系统指示已拉开。

(10) 拉开Ⅰ母侧断路器母线侧隔离开关控制电源。

(11) 检查Ⅰ母上所有隔离开关已全部拉开。

(12) 在Ⅰ母接地隔离开关母线侧验电。

(13) 合上Ⅰ母接地隔离开关。

(14) 检查Ⅰ母接地隔离开关机械位置指示与监控系统指示已合上。

(15) 拉开Ⅰ母接地隔离开关控制电源。

(16) 拉开Ⅰ母电压互感器二次开关。

（三）3/2 接线的母线送电操作

Ⅰ母恢复正常方式运行，操作过程如下：

(1) 合上Ⅰ母电压互感器二次开关。

(2) 合上Ⅰ母接地隔离开关控制电源。

(3) 拉开Ⅰ母接地隔离开关。

(4) 检查Ⅰ母接地隔离开关机械位置指示与监控系统指示已拉开。

(5) 检查送电范围内接地隔离开关已拉开，接地线已拆除。

(6) 检查Ⅰ母侧断路器机械位置指示与监控系统指示已拉开。

(7) 合上Ⅰ母侧断路器母线侧隔离开关控制电源。

(8) 合上Ⅰ母侧断路器母线侧隔离开关。

(9) 检查Ⅰ母侧断路器母线侧隔离开关机械位置指示与监控系统指示已合上。

(10) 合上Ⅰ母侧断路器线路侧隔离开关控制电源。

(11) 合上Ⅰ母侧断路器线路侧隔离开关。

(12) 检查Ⅰ母侧断路器线路侧隔离开关机械位置指示与监控系统指示已合上。

(13) 检查Ⅰ母上隔离开关位置与原运行方式相符。

(14) 合上Ⅰ母侧断路器。

(15) 检查Ⅰ母侧断路器机械位置指示与监控系统指示已合上。

(16) 检查Ⅰ母三相电压指示正常。

(17) 将Ⅰ母侧断路器重合闸投入。

第五节　变压器单元倒闸操作

一、操作原则

(1) 变压器并列条件。

1) 并列的变压器联接组别相同。

2）并列的变压器电压比相等（允许差 5%）。

3）并列的变压器短路电压相等（允许差 10%）。

4）当电压比和短路电压不符合上述要求时，经过计算，在任何一台变压器不会过负荷的情况下，允许并列运行。

（2）大型变压器停或送电操作时，其中性点必须接地。主要是为了防止操作过电压损坏变压器。对于一侧有电源的变压器，当受总断路器非全相断、合时，其电源侧中性点对地电压最大可达相电压，可能损坏变压器绝缘。

（3）变压器送电时，应先合高压侧，再合低压侧；变压器停电时，反之亦然。

（4）两台变压器并联运行，在倒换中性点接地开关时，应先将原未接地的中性点接地开关合上，再拉开另一台变压器中性点接地开关，并考虑零序电流保护和间隙保护的切换。

（5）新投入或大修后的变压器需要在合环前进行相位核对。

（6）新安装或大修后的变压器投入运行前，应在额定电压下做空载全电压冲击合闸试验。加压前应将变压器全部保护投入，分头放"1"。新变压器冲击 5 次，大修后的变压器冲击 3 次。第 1 次送电后运行时间 10min，停电 10min 后再继续第 2 次冲击合闸，以后每次间隔 5min。1000kV 变压器第 1 次冲击合闸后的带电运行时间不少于 30min。

（7）变压器的并解列操作中，除检查各侧断路器拉合位置外，应检查各侧负荷的分配情况。

二、变压器停送电操作

（一）停电操作步骤

（1）拉开消弧线圈隔离开关。

（2）检查消弧线圈隔离开关机械位置指示与监控系统指示已拉开。

（3）将主变压器消防方式切换为手动。

（4）退出低压侧备自投压板。

（5）合上低压侧母联断路器。

（6）检查低压侧母联断路器机械位置指示与监控系统指示已合上。

（7）检查负荷分配情况。

（8）拉开主变压器低压侧断路器。

（9）检查主变压器低压侧断路器机械位置指示与监控系统指示已拉开。

（10）合上变压器高压侧中性点隔离开关。

（11）检查变压器高压侧中性点隔离开关机械位置指示与监控系统指示已合上。

（12）合上变压器中压侧中性点隔离开关。

（13）检查变压器中压侧中性点隔离开关机械位置指示与监控系统指示已合上。

（14）拉开主变压器中压侧断路器。

（15）检查主变压器中压侧断路器机械位置指示与监控系统指示已拉开。

（16）检查负荷分配正常。

（17）拉开主变压器高压侧断路器。

（18）检查主变压器高压侧断路器机械位置指示与监控系统指示已拉开。

(19) 顺序拉开高压侧断路器两侧隔离开关。

(20) 检查高压侧断路器两侧隔离开关机械位置指示与监控系统指示已拉开。

(21) 检查母线侧隔离开关位置与母线保护屏隔离开关位置指示一致。

(22) 顺序拉开中压侧断路器两侧隔离开关。

(23) 检查隔离开关机械位置指示与监控系统指示已拉开。

(24) 检查母线侧隔离开关位置与母线保护屏隔离开关位置指示一致。

(25) 将低压侧断路器转至检修位置。

(26) 在主变压器低压侧验电，应无电。

(27) 在主变压器低压侧封地。

(28) 在中压侧母线侧隔离开关与断路器间验电，应无电。

(29) 在中压侧母线侧隔离开关与断路器间封地。

(30) 在高压侧母线侧隔离开关与断路器间验电，应无电。

(31) 在高压侧母线侧隔离开关与断路器间封地。

(32) 拉开主变压器冷却系统控制电源。

(33) 拉开隔离开关控制电源。

(34) 拉开主变压器三侧断路器控制电源。

（二）送电操作步骤

(1) 合上主变压器三侧断路器控制电源。

(2) 合上隔离开关控制电源。

(3) 合上主变压器冷却系统控制电源。

(4) 拆主变压器低压侧地线。

(5) 拆中压侧母线侧隔离开关与断路器出口地线。

(6) 拆高压侧母线侧隔离开关与断路器出口地线。

(7) 检查送电范围内接地开关已拉开，接地线已拆除。

(8) 将低压侧断路器转至运行位置。

(9) 顺序合上中压侧断路器两侧隔离开关。

(10) 检查中压侧断路器两侧隔离开关机械位置指示与监控系统指示已合上。

(11) 检查中压侧母线侧隔离开关位置与母线保护屏隔离开关位置指示一致。

(12) 顺序合上高压侧断路器两侧隔离开关。

(13) 检查高压侧断路器两侧隔离开关机械位置指示与监控系统指示已合上。

(14) 检查高压侧母线侧隔离开关位置与母线保护屏隔离开关位置指示一致。

(15) 拉开变压器高压侧中性点隔离开关。

(16) 检查变压器高压侧中性点隔离开关机械位置指示与监控系统指示已拉开。

(17) 合上主变压器中压侧断路器。

(18) 检查主变压器中压侧断路器机械位置指示与监控系统指示已合上。

(19) 拉开并联变压器中压侧中性点隔离开关。

(20) 检查并联变压器中压侧中性点隔离开关机械位置指示与监控系统指示已拉开。

(21) 合上主变压器低压侧断路器。

（22）检查主变压器低压侧断路器机械位置指示与监控系统指示已合上。

（23）检查负荷分配情况。

（24）投入低压侧备自投压板。

（25）拉开低压侧母联断路器。

（26）检查低压侧母联断路器机械位置指示与监控系统指示已拉开。

（27）检查负荷分配情况。

（28）将主变压器消防方式切换为自动。

（29）合上消弧线圈隔离开关。

（30）检查消弧线圈隔离开关机械位置指示与监控系统指示已拉开。

三、3/2 接线变压器停电操作。

（一）停电操作

（1）联系调度确认退出 AVC。

（2）将所有电容器或者电抗器间隔转入冷备用状态。

（3）倒低压。

（4）停所变间隔。

（5）将主变压器消防控制方式改为手动。

（6）拉开主变压器低压侧断路器。

（7）检查主变压器低压侧断路器机械位置指示与监控系统指示已拉开。

（8）拉开主变压器中压侧断路器。

（9）检查主变压器中压侧断路器机械位置指示与监控系统指示已拉开。

（10）检查负荷分配正常。

（11）拉开主变压器高压侧中断路器。

（12）检查主变压器高压侧中断路器机械位置指示与监控系统指示已拉开。

（13）拉开主变压器高压侧边断路器。

（14）检查主变压器高压侧边断路器机械位置指示与监控系统指示已拉开。

（15）顺序拉开高压侧断路器两侧隔离开关。

（16）检查隔离开关机械位置指示与监控系统指示已拉开。

（17）顺序拉开中压侧断路器两侧隔离开关。

（18）检查中压侧断路器隔离开关机械位置指示与监控系统指示已拉开。

（19）检查母线侧隔离开关位置与母线保护屏隔离开关位置指示一致。

（20）将主变压器低压侧断路器转至检修位置。

（21）在主变压器低压侧验电，应无电。

（22）在主变压器低压侧封地。

（23）在中压侧母线侧隔离开关与断路器间验电，应无电。

（24）在中压侧母线侧隔离开关与断路器间封地。

（25）在高压侧中断路器与中断路器非停电侧隔离开关间验电，应无电。

（26）在高压侧中断路器与中断路器非停电侧隔离开关间封地。

(27) 在高压侧边断路器与边断路器母线侧隔离开关间验电，应无电。

(28) 在高压侧边断路器与边断路器母线侧隔离开关间封地。

(29) 拉开主变压器冷却系统控制电源。

(30) 拉开隔离开关控制电源。

(31) 拉开主变压器三侧断路器控制开关。

(32) 投入线路保护屏中断路器检修压板。

（二）送电操作

(1) 退出线路保护屏中断路器检修压板。

(2) 合上三侧受总控制开关。

(3) 合上隔离开关控制电源。

(4) 合上主变压器冷却系统控制电源。

(5) 拆中压侧母线侧隔离开关与断路器出口封地。

(6) 拆高压侧中断路器与中断路器非停电侧隔离开关间封地。

(7) 拆高压侧边断路器与边断路器母线侧隔离开关间封地。

(8) 拆主变压器低压侧地线。

(9) 检查送电范围内接地开关已拉开，接地线已拆除。

(10) 将低压侧受总小车由试验位置推至运行位置。

(11) 顺序合上中压侧断路器两侧隔离开关。

(12) 检查中压侧断路器两侧隔离开关机械位置指示与监控系统指示已合上。

(13) 检查母线侧隔离开关位置与母线保护屏隔离开关位置指示一致。

(14) 顺序合上高压侧断路器两侧隔离开关。

(15) 检查高压侧断路器两侧隔离开关机械位置指示与监控系统指示已合上。

(16) 合上主变压器高压侧边断路器。

(17) 检查主变压器高压侧边断路器机械位置指示与监控系统指示已合上。

(18) 合上主变压器高压侧中断路器。

(19) 检查主变压器高压侧中断路器机械位置指示与监控系统指示已合上。

(20) 合上主变压器中压侧断路器。

(21) 检查主变压器中压侧断路器机械位置指示与监控系统指示已合上。

(22) 检查负荷分配正常。

(23) 合上主变压器低压侧断路器。

(24) 检查主变压器低压侧断路器机械位置指示与监控系统指示已合上。

(25) 检查负荷分配情况。

(26) 将主变压器消防控制方式改为自动。

(27) 送所变间隔。

(28) 倒低压。

(29) 将所有电容器或者电抗器间隔转入备用状态。

(30) 联系调度确认投入 AVC。

四、变压器带路停送电操作

(一) 注意事项

在主变压器受总断路器需要检修且主变压器无法停电的情况下，可以考虑用旁路断路器带主变压器受总运行。主变压器带路与线路带路的基本原理相似，保护示意图如图3-5所示，但是需要特别注意的是主变压器带路需要切换主变压器保护屏的电流切换压板。旁路断路器配套的保护是线路保护，在带线路时只需切换旁路保护屏的定值区，而带主变压器时，旁路的配套保护无法实现主变压器保护功能。因而，变压器的交流电流、交流电压回路及出口回路应进行必要的切换。

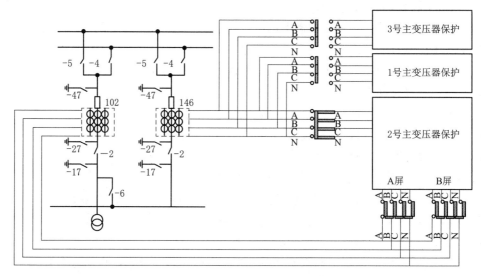

图3-5　主变压器间隔带路保护示意图

在切换过程中，要注意以下几个问题：

(1) 切换电流回路时，还要区分电流回路是切换至变压器套管电流互感器，还是切换至旁路电流互感器，或者不能进行切换，不同切换方式的操作顺序也不同。

(2) 电流回路切换后的电流互感器变比与正常不一致时，还应退出保护该定值。

(3) 旁路断路器代变压器断路器合环前，应先投入变压器保护屏上跳旁路断路器出口压板，再停用一套能切换的变压器保护屏上的差动保护和其相应侧后备保护及一套不能切换的变压器保护屏上的差动保护，因为主变压器保护屏倒端子过程中，会形成二次差流，此时必须提前退出差动保护。

(4) 变压器受总断路器拉开后，需要电压切换的先进行变压器相应侧电压切换，再进行变压器相应侧电流输入端子切换。切换完成且检查差流在允许范围内，即可投入能切换的变压器保护屏上动保护及相应侧后备保护。接着停用不能切换的变压器保护屏上相应侧后备保护。

(5) 电流互感器二次回路不允许开路，所以必须保障旁路电流互感器二次端子投入后，才可断开受总电流互感器的二次端子。如果旁路电流互感器二次端子与受总电流互感器的二次端子同时断开，可能造成电流互感器损坏，主变压器停电。

（二）危险点分析及应对措施

在主变压器带路倒闸操作中，如果电流互感器端子切换误操作，则会导致电流互感器开路主变压器掉闸。如何能 100% 避免误操作，需要就该问题进行认真分析，发现带路用的电流互感器端子由三行四列、内外两层的立体结构构成，共计 24 个节点，14 个连体压板，其结构如图 3-6 所示。

运维人员在进行倒闸操作时，当操作到倒闸操作票上两步连续的操作任务"2246 电流切换端子"由"封死"改投"投入"、"2202 电流切换端子"由"投入"改投"封死"，操作

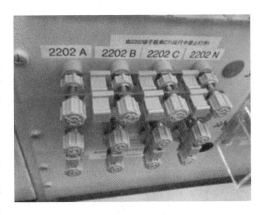

图 3-6　电流互感器端子结构俯视图

票不能有效地指导运维人员正确切换内外双层的 14 个压板，先取下哪个压板，如何安装取下的几个压板，是先内层还是先外层，是先上层还是先下层？有些运龄超过 20 年的老师傅可能只操作过 1 次，误操作概率低，但是风险极大，14 个压板只要误操作 1 个，例如在停电带路时 2202 电流互感器切换端子开路、送电操作时 2246 电流互感器端子开路，都将导致电流互感器损毁及主变压器掉闸的恶性电气误操作事故。

为方便操作人员进行电流互感器端子切换，本书提出"24 拱图图示法"，首先对内外两层、上下 14 个压板进行编号，本着"电流互感器不开路""先外层后内层""先上层后下层"的三个基本原则，分别制作停电时外层 7 个压板切换 6 张图和内层 7 个压板切换 6 张图，再制作送电时外层 7 个压板切换 6 张图和内层 7 个压板切换 6 张图，连续两张图之间注明了取下的压板编号和顺序，对前后连续两张图变化的压板位置做出红色标示，方便操作人员操作前后识别比对，利用该方法，操作票上两项文字描述的操作步骤化为 12 张直观形象图及 10 个连续标准动作。

对内外双层共 14 个压板按照 A、B、C 分别为黄、绿、红三个颜色加粗标注，细化拱图之间压板操作的文字描述，并编制七言口诀指导现场操作，详述如下。

1. 2246 带路 2202 停电电流互感器端子操作压板切换图

2246 带路 2202 停电电流互感器端子操作压板外层切换图和内层切换图如图 3-7 和图 3-8 所示。

2. 2246 带路 2202 停电电流互感器端子操作七言口诀

对应操作票步骤：2246 电流互感器端子由封死改投入，2202 电流互感器端子由投入改封死。

口诀如下：

旁路断路器带受总，TA 压板需改投，先改外层后改内，顺序十步依次做。

三相压板顺序做，取下上层改下层，1 号取下留备用，5 号位置横改竖。

2 号取下留备用，6 号位置横改竖，3 号取下留备用，7 号位置横改竖。

4 号接地变设备，受总接地改旁路，备用压板依次取，上层端子横向连。

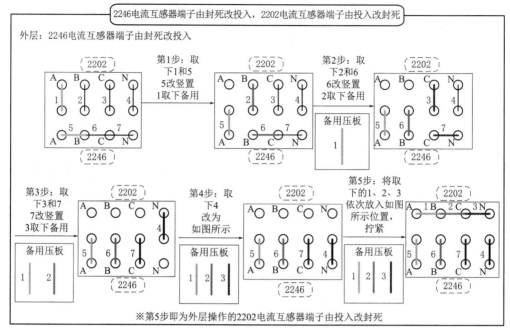

图 3-7　2246 带路 2202 停电电流互感器端子操作压板外层切换图

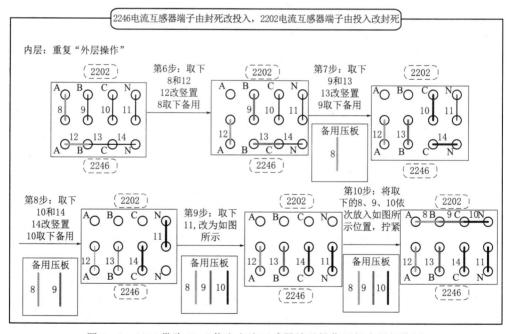

图 3-8　2246 带路 2202 停电电流互感器端子操作压板内层切换图

外层五步再检查，上层横连下竖立，外层无误改内层，取下上层改下层。

8 号取下留备用，12 号位置横改竖，9 号取下留备用，13 号位置横改竖。

10 号取下留备用，14 号位置横改竖，11 号接地变设备，受总接地改旁路。

备用压板依次取，上层端子横向连，内层五步再检查，上层横连下竖立。

3. 2202 由 2246 带路恢复正常方式运行电流互感器端子操作压板切换图

2202 由 2246 带路恢复正常方式运行电流互感器端子操作压板外层切换图和内层切换图如图 3-9 和图 3-10 所示。

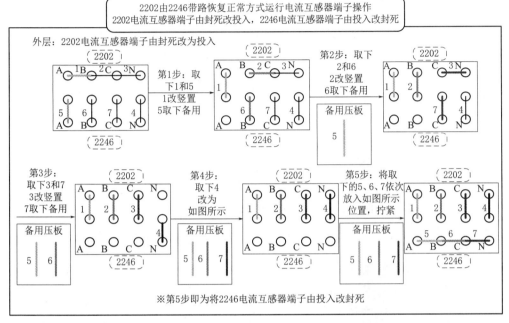

图 3-9　2202 由 2246 带路恢复正常方式运行电流互感器端子操作压板外层切换图

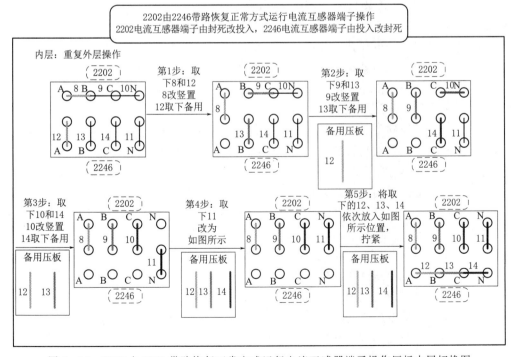

图 3-10　2202 由 2246 带路恢复正常方式运行电流互感器端子操作压板内层切换图

4.2202 由 2246 带路恢复正常方式运行电流互感器端子操作七言口诀

对应操作步骤：2202 TA 端子由封死改投入，2246 TA 端子由投入改封死。

受总恢复退旁路，TA 压板需改投，先改外层后改内，顺序十步依次做。

三相压板顺序做，取下下层改上层，5 号取下留备用，1 号位置横改竖。

6 号取下留备用，2 号位置横改竖，7 号取下留备用，3 号位置横改竖。

4 号接地变设备，旁路接地改受总，备用压板依次取，下层端子横向连。

外层五步再检查，上层竖立下横连，外层无误改内层，取下下层改上层。

12 号取下留备用，8 号位置横改竖，13 号取下留备用，9 号位置横改竖。

14 号取下留备用，10 号位置横改竖，11 号接地变设备，旁路接地改受总。

备用压板依次取，下层端子横向连，内层五步再检查，上层竖立下横连。

（三）停电操作

（1）旁路间隔冷倒母线（注：使带路主变压器间隔隔离开关与旁路间隔隔离开关在同一母线，若已在同一母线可不倒母线）。

（2）检查旁路保护定值与压板已按规程投入。

（3）对旁路母线充电。

（4）合上主变压器高压侧旁路隔离开关。

（5）检查主变压器高压侧旁路隔离开关机械位置指示与监控系统指示已合上。

（6）退出旁路保护屏保护压板。

（7）退出带路主变压器保护屏的差动保护压板。

（8）将带路主变压器保护屏旁路电流切换端子由封死改为投入。

（9）将带路主变压器保护屏主变压器电流切换端子由投入改为封死（具体方法详见 24 拱图法）。

（10）退出非带路主变压器保护屏的差动保护压板。

（11）将非带路主变压器保护屏旁路电流切换端子由封死改为退出。

（12）投入非带路主变压器保护屏的差动保护压板。

（13）投入带路主变压器保护屏旁路断路器跳闸出口压板。

（14）合上旁路断路器。

（15）检查旁路断路器机械位置指示与监控系统指示已合上。

（16）检查负荷分配情况。

（17）拉开主变压器高压侧断路器。

（18）检查主变压器高压侧断路器机械位置指示与监控系统指示已拉开。

（19）投入主变压器保护屏差动保护压板。

（20）退出主变压器保护屏高压侧断路器跳闸出口压板。

（21）顺序拉开主变压器高压侧断路器两侧隔离开关。

（22）检查主变压器高压侧断路器两侧隔离开关机械位置指示与监控系统指示已拉开。

（23）在主变压器高压侧断路器与主变压器侧隔离开关间验电，应无电。

（24）在主变压器高压侧断路器与主变压器侧隔离开关间封地。

（25）在主变压器高压侧断路器与母线侧隔离开关间验电，应无电。

（26）在主变压器高压侧断路器与母线侧隔离开关间封地。

（27）拉开主变压器高压侧断路器控制开关。

（四）送电操作

（1）合上主变压器高压侧断路器控制开关。

（2）拆主变压器高压侧断路器与母线侧隔离开关间封地。

（3）在主变压器高压侧断路器与主变压器侧隔离开关间封地。

（4）检查送电范围内接地开关已拉开，接地线已拆除。

（5）合上主变压器高压侧断路器母线侧隔离开关。

（6）检查主变压器高压侧断路器母线侧隔离开关机械位置指示与监控系统指示已合上。

（7）合上主变压器高压侧断路器主变压器侧隔离开关。

（8）检查主变压器高压侧断路器主变压器侧隔离开关机械位置指示与监控系统指示已合上。

（9）退出主变压器保护屏的差动保护压板。

（10）将主变压器保护屏主变压器电流切换端子由封死改为投入。

（11）将主变压器保护屏旁路电流切换端子由投入改为封死。

（12）退出非带路主变压器保护屏的差动保护压板。

（13）将非带路主变压器保护屏旁路电流切换端子由退出改为封死。

（14）投入非带路主变压器保护屏的差动保护压板。

（15）投入带路主变压器保护屏主变压器高压侧断路器跳闸出口压板。

（16）合上主变压器高压侧断路器。

（17）检查主变压器高压侧断路器机械位置指示与监控系统指示已合上。

（18）拉开旁路断路器。

（19）检查旁路断路器机械位置指示与监控系统指示已拉开。

（20）检查负荷分配情况。

（21）投入主变压器保护屏的差动保护压板。

（22）退出主变压器保护屏旁路断路器跳闸出口压板。

（23）拉开主变压器高压侧旁路隔离开关。

（24）检查主变压器高压侧旁路隔离开关机械位置指示与监控系统指示已拉开。

（25）投入旁路保护屏保护压板。

（26）检查旁路保护定值与压板已按规程投入。

（27）旁路间隔冷倒母线（注：使带路主变压器间隔隔离开关与旁路间隔隔离开关在同一母线，若已在同一母线可不倒母线）。

第六节　倒闸操作常见问题与解决办法

本节就操作准备工作、操作过程中以及验收送电操作过程中容易出现的问题进行系统地总结。通过对常见问题的列举及深入分析，吸取经验与教训，进而避免误操作和伤人事件的发生。

一、注意事项

（1）根据停电计划及范围，特别是结合调度预令系统中发布的预令，精心准备，明确操作目的和内容，在提前熟悉一次设备操作的基础上，应特别关注所需的二次配合操作内容。在准备操作票的过程中，因为一、二次设备可能经过改造已经发生变更，切忌不假思索地复制之前的操作票进行操作准备。

（2）要做到二次防误主要是要心细。操作的主要依据是典型操作票、有效的保护注意事项和保护定值单。对于规程有歧义或不明确的部分，必须与保护人员沟通清楚。为了避免发生误操作，必须熟知操作目的，一定知其然，更要知其所以然。

（3）根据工作票中一、二次安全措施的要求，将相应的接地开关改挂接地线，退出相应的二次压板及控制电源，避免在大型现场办理工作许可的过程中手忙脚乱，甚至忙中出错。如线路出口隔离开关小修工作为了满足传动条件，需要将合入线路侧接地开关改挂接地线，保护线路年校工作会要求退出失灵保护，主变压器瓦斯继电器更换工作会要求断开非电量装置电源等。运维人员需要提前将工作票中的安全措施要求进行汇总，一并列入操作票中提前实施。

（4）提前做好操作准备工作。首先，应提前到变电站熟悉设备，特别是大型操作更应做到这一点，提前熟悉控制电源的位置和压板的数量、名称等；其次，核实老站照明设备是否充足，如有需要提前准备好照明灯具；最后，提前核实地线长短，特别注意三相分叉部位长短和卡头形式，避免操作中途受阻。同时还要核实防误系统、电脑及打印机状态是否良好、功能是否正常。

二、操作中常见问题

1. 责任分工要明确

在整个操作过程中，操作人、监护人和值班负责人各负其责、密切配合才能够保证操作的连贯性和正确性。在操作中为了避免失去监护，绝对禁止监护人越级参与操作，更要避免值班负责人直接参与操作。监护操作中应坚决避免简单设备无票操作或无监护操作。

2. 操作动作要规范

（1）操作过程中应避免双手同时操作压板，应使用浸胶防滑线手套，防止低压触电。

（2）操作设备时，眼神要到位。如操作保护屏压板时一定要核实屏位名称，智能变电站操作必须将画面名称核实清楚。

（3）操作过程中，操作人与监护人要保持声音洪亮，确保唱票、复诵准确无误。

（4）操作时，如需打开网门，开网门后应将"五防"锁锁在单边锁孔处，避免锁具打开后乱放，打乱操作节奏。

3. 操作票执行要严肃

（1）操作中禁止跳项和漏项操作。为了提高操作效率，在拟票中要考虑操作设备的位置，合规优化操作顺序。

（2）母线停电时，电容器年校后传动断路器，由于此时满足低电压保护动作条件，断路器传动时无法保持合入状态。此时运维人员应拟票投退低电压跳闸压板。

（3）一次设备操作后，一定要实际检查设备，特别是针对单柱单臂和剪式隔离开关，这两种隔离开关须检查驱动拐臂过死点，刀口应夹紧，避免合闸不到位。

4. 操作顺序要规范

（1）为避免保护失去选择性，扩大事故范围，倒母线时应该先投母差互联压板（或单母运行压板），再拉开母联控制开关；而在恢复送电时应先恢复母联控制开关，最后退出母差互联压板（或单母运行压板）。

（2）保护投入时，一般应该先投入功能压板，检查保护装置正常后，再投入出口压板，退出时相反。

（3）在出线单元线路侧隔离开关小修时，如果工作票要求出线侧接地位置换挂接地线，操作中宜先合入接地开关，换挂接地线，再拉开接地开关。

5. 操作对象要明确

（1）110kV 及以上母线送电应严格按照保护规程的要求，进行母联充电保护的投退。

（2）母联保护自投投入时，相应设备的充电保护应投入，自投退出时充电也应退出。

（3）存在交直流联络开关及进线总开关的设备，进行柜内二次开关操作时，应核对好开关名称再行操作，避免二次开关误分合。

（4）日常管理中每个站应统一明确操作的位置，并在操作票编写和操作中进行统一和规范。如控制电源是操作分电屏空开，还是操作保护屏空开等应予以明确。

（5）母线停电检修时应该将所有运行间隔的检修母线侧隔离开关电机拉开，避免检修中的误动风险。

（6）单独电压互感器处缺或保险更换工作中，运维人员应关注退自投、停用电容器、退低周低频减载相应压板、申请退出 AVC、根据方式退出相应主变压器保护的复合电压压板等。

（7）中低压侧母线停电时，还应关注位于主变压器保护屏的主变压器复合电压闭锁压板。

6. 监控系统信息状态监视要到位

（1）双母线倒母线操作时，隔离开关并列后应特别注意此时应该出现电压互感器并列信号，解列后相应信号应返回。

（2）对于带路操作，退出差动保护、倒电流端子（或光纤）后，保护再次投入之前，一定要同时检查保护灯与后台均无异常信号。

7. 人身保护意识要到位

目前大多容抗设备均实现 AVC 功能，运维人员应在操作容抗设备前联系调控退出相应设备的 AVC 功能，在断路器分闸后，操作隔离开关前，必须将相应的断路器控制切换手把打至"就地"或打开遥控压板，避免带负荷拉隔离开关等不安全事件的发生。

三、设备停送电及防误管理

（1）避免将标签置于可移动的设备元件上，如不能将标签粘于槽盒盖上。同时操作过程中不能只看可移动的盒盖或槽盒上的标签，避免由于盒盖扣错位置导致操作错误。

（2）完善二次安全措施。如线路停电后（此时母线带电），在端子箱内母线侧隔离开关"五防"电编码锁加盖"禁止操作"封盖；关键管控点二次空气开关断开后，为防止误合入，应粘贴"禁止合闸，有人工作"标签；保护屏运行端子排或装置张贴或悬挂运行标识等。

（3）倒闸操作全过程应注意检查信号正确性。

1）倒闸操作前，务必检查监控系统中点亮的光字牌等信号状态是否正确。

2）主变压器送电前，需检查两台变压器分接头位置是否一致（由于 AVC 功能，送电时多数情况不一致），如果不一致必须调整一致，从而避免恢复送电并列操作中产生较大环流。

3）线路送电过程中，检查母差和操作箱的母线侧隔离开关位置状态，确保位置正确后，才能按复归按钮，以保证母线电压正确切入和母差的正确选择。

（4）加强验收和检查。

1）保护工作结束后，检查所有压板状态是否正确。防止出现保护年校后保护工作人员自行退出的压板漏恢复，运维人员没有仔细验收，只是按票返回操作，从而造成漏投压板的情况。

2）特别是电容器年校后，检查低电压出口压板状态。

3）新投线路单相充电后，如需保护配合操作，应将保护人员纳入操作票管控，检查非全相压板状态及挑线工作是否恢复正常。

（5）采取简单易行的方式避免误操作压板。在正常方式时需要投入的压板上粘贴"小红点"进行提示，通过这种简单易行的方式提升压板操作的准确性和投退状态检查的便捷性。

（6）加强典型票的管理。智能变电站由于存在很多软压板，不再像常规变电站那么直观，所以典型操作票的准确编制和更新尤为重要。典型票应设专人管理，根据操作时出现的问题，及时迭代更新，提升典型票的可用性。

运维人员的误操作大部分发生在一些细节把控和本身的惰性上，如对设备尤其是二次部分一知半解，或是因为省事所以跳步操作。在工作中严守运行规程的要求，操作前不打无准备之仗；验收送电时养成良好的习惯，检查压板的投退以及信号等，尤其是二次防误。在工作中要不断地强化管理，提高操作技能，避免发生误操作。

第四章
变电站异常及事故处理

第一节　概　　述

电网运行涉及人员、设备、管理、环境等诸多方面，因此在电力系统中异常现象和事故时有发生，正确、迅速地处理各种事故及异常情况，是变电站运维人员的一项重要职责。本书中涉及的异常主要讨论电气设备上发生的不正常运行状态，而事故主要讨论人员、自然环境、设备异常加剧等因素导致的变电设备故障而被迫停止运行。

一、变电站异常及事故处理任务和原则

（一）异常及事故处理的主要任务

在变电站中，异常情况的发生概率要比事故高得多，因此设备的异常运行是运维工作遇到的最为频繁的情况。异常情况的判断和处理的难度甚至高于一般的事故，运维人员迅速、正确地处理异常及事故，不但需要掌握和运用专业知识、熟悉和理解现场规程，还需要有丰富的经验积累和良好的心理素质，是一个运维人员技术、业务素质和能力的综合反映。

多数事故是由设备异常发展而成，运维人员应学习并掌握国家电网公司变电运检五项通用制度、《国家电网有限公司十八项电网重大反事故措施（2018 修订版）》、变电运行规程和调度规程等各项规章制度，并严格执行，提高运检质量，精准评价，及时发现设备异常状态并处置，使设备时刻处于良好的运行状态，减少设备异常，将事故消灭在萌芽状态。

由于各部门工作性质、工作内容的不同和在事故处理过程中所起的作用不同，会有不同的具体任务和要求，就变电站运维人员而言，其在事故处理中担负的主要任务有：

（1）记录、收集、掌握与事故有关的尽可能齐全的各种信息，为电网调度员及有关领导进行事故处理决策以及事后的事故分析提供准确、可靠的现场第一手资料。

（2）迅速准确地执行电网调度员实施事故处理的各项指令，在通信失灵的特殊情况下按现场运行规程规定独立地进行以限制事故范围、隔离故障设备为目的事故处理操作。

（3）为检修部门进行抢修创造条件和提供必要的信息。

（4）严密监视非事故设备的运行情况，确保它们正常运行，尽力限制、消除事故对它们的影响。

（二）异常及事故处理的组织原则

（1）各级当班调度是事故处理的指挥人，当班值班负责人是异常及事故处理的现场领导，全体运维人员应服从当班值班负责人统一指挥。

（2）发生异常及事故时，运维人员应坚守岗位、各负其责，正确执行当班调度和值班负责人的命令，发现异常时应仔细查找并及时向调度和值班负责人汇报。

（3）在交接班过程中发生故障时，应由交班人员负责处理事故，接班人在上值负责人的指挥下协助处理事故。

（4）事故处理时，非事故单位或其他非事故处理人员应立即离开主控室和事故现场，并不得占用电话。因通信手段失效造成值班人员不能与值班调度员取得联系时，应按照有关规定进行处理。

（5）变电站发生异常或事故时，如果现场有正在进行的调试等检修工作，应要求工作负责人立即停止工作，所有工作班成员撤离现场，收回工作票，待确认工作与异常或事故无关后，才可恢复其工作。

（三）异常和事故处理的一般原则

事故发生时，除断路器跳闸、声、光信号动作外，还有可能出现爆炸、燃烧、浓烟甚至人员伤亡等恶劣情况，事故发生时，要求运维人员做到以下几点：

（1）严格执章，安全第一。变电站异常和事故处理，必须严格遵守《电力安全工作规程》、调度规程、现场运行规程以及各级技术管理部门有关规章制度、安全和反事故措施的规定，操作要有严格监护，抢修要有安全措施。

（2）沉着果断，切忌惊慌。异常和事故处理过程中，运维人员应认真监视监控系统及测保装置、信号指示并做好记录，必要时进行拍照和录像记录，保存"证据"。同时对设备的检查要认真、仔细，正确判断故障的范围和性质。

（3）事故信息，准确全面。在事故情况下，现场运维人员全面、详尽地记录事故信息，汇报时客观、准确地描述对于电网调度和有关领导的事故处理决策与指挥是十分重要的。

（4）快速反应，熟练处理。为了防止事故进一步扩大，在紧急情况下应果断地自行处理问题而无需等待调度的指令。如可能直接威胁人身或设备安全的设备停电、站用电停电时恢复其电源、电压互感器空气开关跳闸，快速、熟练的处理在很多情况下可以减少事故停电时间，降低事故损失。运维人员针对事故产生的原因及时调整运行方式，尽快对已停电的用户恢复用电，优先恢复重要用户的供电。

（5）保障通信，密切联系。在事故处理过程中，运维人员应确保调度电话畅通，时刻保持与调度及上级有关部门的联系，迅速正确地执行他们的指令和有关指示。

二、变电站异常、事故处理步骤与注意事项

（一）处理步骤

目前在运 220kV 及以下电压等级变电站已经基本实现无人值班，330kV、500kV 等级变电站实现少人值守，由调控中心进行统一监盘。除巡视发现外，变电站的多数异常和事故是由调控中心发现后通知变电运维人员进行处置的。为了便于运维人员时刻掌握各个变

电站的运行状态，通常在驻守点设有监控终端和遥视终端，便于运维人员查询和掌握设备运行工况。

（1）运维人员在接收到调控中心通知的设备异常或故障信息后，一方面准备劳动防护用品（安全帽、工作服、绝缘鞋等）、对讲机、照明设备、录音笔、执法仪和车辆等；另一方面利用监控和遥视终端进行检查，根据系统中的遥信和保护报文信息进行简单地分析、确认，掌握第一手资料，将异常和故障类型信息通知生产管理部门。

（2）到达现场后，运维人员应立即查看监控系统后台信息，向值班调度员、监控员简要报告（第一次汇报）事故时间、断路器状态、设备主保护及重合闸情况、相关设备潮流变化、现场天气等，便于调度处置。同时值班人员需要做好监控信息分析工作，特别是进行光字牌等信息的判断，并及时汇报。

（3）运维值班负责人应留在主控室进行全面指挥，以便与调度值班员保持联系。由值班负责人根据初步获得的信息确定重点部位，根据保护范围查找故障点，指派人员到现场检查一、二次设备的实际情况，进行故障录波、行波测距等信息的检查。运维人员对值班调度员发布的一切命令应迅速正确地执行并及时汇报执行情况。值班负责人结合动作范围内的所有一次设备检查信息，保护、自动装置动作信息（必要时进行照相或录像），综合判断事故性质，把详细情况报告调度（第二次汇报）。如果人身和设备受到威胁，应立即设法解除这种威胁，并在必要时停止设备的运行。

（4）迅速隔离故障点并尽力设法保持或恢复设备的正常运行，设法恢复站用电，根据跳闸后的运行方式停用有可能误动的保护，对主变压器中性点进行相应调整。根据调度指令对故障设备进行隔离，恢复对无故障的设备供电，对故障设备做好安全措施，对允许强送电的设备进行送电。

（5）如果运维人员自己不能检查出或处理损坏的设备，应立即通知检修或有关专业人员（如试验、继保等专业人员）前来处理。根据异常和事故的具体情况，确定需要停电检查和试验的范围，确定需要实施的安全措施。

（6）在检修人员工作之前，运维人员应根据调度指令将工作现场的安全措施做好（如将设备停电、安装接地线），根据现场需要装设围栏和悬挂标识牌等。在调度下达施工令后，由检修人员实施进一步的检查和故障设备的处理工作，在检查过程中，随时将检查情况汇报调控中心。

（7）每次事故处理，均要求做好事故全过程的详细记录。根据要求将异常或事故记录在运行日志、断路器跳闸记录本上。变电运维负责人要组织有经验的值班员编写现场事故处置经过报告。

（二）调控汇报模板

1. 第一次汇报模板

在此部分，运维人员结合监控系统信息对故障情况进行简要汇报，汇报参考模板如图4-1所示。

2. 第二次汇报模板

在此部分，运维人员结合动作范围内的所有现场检查的一次设备信息，保护、自动装置动作信息，综合判断事故性质，把详细情况报告调度。汇报参考模板如图4-2所示。

事故异常简报提示卡

调度您好，我是××站_____，您怎么称呼？

_____(记录)，现向您汇报，____时____分，

××站监控后台显示

_____开关跳闸，

(_____母线失压，现_____母线电压为_____，

_____线路停运)

同时，后台_____(保护、安稳)

光字牌点亮。××站目前天气状况为_____，现在

我们去现场检查一、二次设备情况，稍后汇报。

图 4-1　事故异常简报提示卡

事故异常详报提示卡

调度您好，我是××站_____，您怎么称呼？
_____(记录)，现向您汇报，____时____分，
××站经现场检查

_____开关汇控柜内
位置为(分位/合位)，三相机械位置为(分位/合位)。目
前一、二次设备(有/无)异常声响。现场(有/无)人员
工作，(有/无)异物。
保护室内_____

_____
保护装置动作。线路故障测距为_____。
目前，××站1000kVⅠ母电压为____kV，Ⅱ母电压为____
kV，5000kVⅠ母电压为____kV，Ⅱ母电压为____kV。
1号主变压器负载电流为_____A，2号主变压器负载为____A。
站内无功运行情况_____
站内交流系统、直流系统运行存在(异常/正常)。

图 4-2　事故异常详报提示卡

(三) 变电站异常和事故处理注意事项

(1) 运维值班负责人要定时对情况进行汇报，对于存在的问题及时进行沟通处理。处理事故时，对调度管辖的无直接威胁人身或设备安全的设备，应得到值班调度员的命令或许可才能进行操作。处理过程中一般不进行交接班，接班者可以配合工作，在事故处理告一段落后，才允许交接班。

(2) 准确分析判断事故的范围和性质。运维人员应了解保护的相互配合和范围，充分利用保护和自动装置提供的信息，全面了解动作情况，并应依次检查，做好记录，防止漏查、漏记信号，便于准确分析和判断事故的范围和性质。

(3) 运维人员在处理故障时应将各种故障现象和事故的处理过程做好记录，并及时向调度汇报。为准确分析事故原因和故障查找，在不影响事故处理和停送电的情况下，应尽可能保留事故现场和故障设备的原状。

(4) 先保证完好设备的正常运行，再进行其他处理，限制事故的发展和扩大。运维人员应到相应的设备处进行仔细地查找和检查，找出故障点和导致故障发生的直接原因。确认故障点后，运维人员在调度的指令下对故障进行有效地隔离，然后进行恢复送电操作。

(5) 隔离故障设备，恢复非故障设备运行，将故障设备转检修。先完全隔离故障点再送电，严防再次发生事故。

(6) 恢复送电时防止误操作。根据事故处理原则，事故处理过程中的倒闸操作可不用填写操作票，但必须做好记录，同时严格执行操作监护制度。若主变压器、线路过负荷应及时上报调度，申请负荷转移。

(7) 发生越级跳闸事故，断路器可能拒分，应及时拉开两侧隔离开关。在操作两侧隔离开关前，一般需要解除"五防"闭锁，解锁时必须加强监护。

(8) 针对跳闸的断路器，必须检查断路器机构、本体是否完好。跳闸后，不论断路器是否重合成功，应立即对断路器间隔进行外观仔细检查，重合成功的断路器也必须检查。

(9) 事故处理现场，运维人员一定做好现场的管理工作，防止无关人员进入事故现场造成身体伤害，更要确保做好安全措施后才能开展相关的检查和处缺工作，严防人身事故

的发生。

（10）事故时应保证站用交直流电源系统的正常运行。交直流电源系统异常会造成失去保护装置、操作、通信、变压器冷却系统电源，若在短时间内交直流电源系统不能恢复，会使事故范围扩大，甚至造成电网事故和大面积停电事故。因而事故处理时，应设法保证交直流电源系统正常运行。

（四）事故处理危险点分析

提高变电站的事故处理效率，缩短故障点的查找时间以及事故处理操作时间，准确判断事故原因，需要工作人员不断学习相关知识、提升业务素质，理性运用自己的专业知识及丰富的工作经验，提前掌握设备的薄弱点，在发生故障时，根据保护动作情况有针对性地优先检查故障范围内的设备薄弱点，可以大大地缩短查找故障点的时间。针对变电站的具体情况，编制事故预案，加强事故演练及事故后经验总结，做到正确快速地处理事故，尽快恢复无故障设备的供电。

1. 事故范围判断不准确，汇报信息不正确

运维人员在处理故障时应沉着、冷静、果断、有序地将各种故障现象，如断路器动作情况、潮流变化情况、信号报警情况、保护及自动装置动作情况、设备异常情况，以及事故的处理过程做好记录，并及时向调度汇报。

2. 事故的发展和扩大

（1）故障初步判断后，运维人员应到相应的设备处进行仔细地查找和检查，找出故障点和导致故障发生的直接原因。若出现着火、持续异味等危及设备或人身安全的情况，应迅速进行处理，防止事故进一步扩大。

（2）发生越级跳闸事故，要及时拉开保护拒动的断路器和拒分断路器的两侧隔离开关。如果断路器本体拒动，在拉隔离开关前，必须检查向该回路供电的断路器在断开位置，防止带负荷拉隔离开关。

（3）对于事故紧急处理中的操作，应注意防止系统解列或非同期并列。

（4）若合闸不成功，不能简单地判断为合闸失灵，应关注保护动作信息，防止多次合闸于故障线路或设备，导致事故扩大。

（5）加强监视非故障线路潮流和变压器的负荷状况，防止因故障负荷转移，造成其他设备长时间过负荷运行，发现异常情况及时联系调度转移负荷。

（6）小电流接地系统，查找母线接地故障时应做好安全防护。

（7）检查一次设备时应正确佩戴安全帽、穿绝缘鞋（靴）。熟练使用防毒面具、正压式呼吸器等防护。

3. 恢复送电时误操作

（1）恢复送电时应在调度的统一指挥下进行，运维人员应根据调度命令，考虑运行方式变化时自动装置、保护的投退和定值的更改，满足新方式的要求。

（2）恢复送电和调整运行方式时要考虑负荷分配和保护配合情况。

（3）运维人员在恢复送电时，先隔离故障设备，对于经判断无故障的设备，按调度命令恢复送电，防止误操作导致故障扩大。

第二节　高压开关类设备异常及事故处理

高压开关类设备主要包括隔离开关、高压断路器、开关柜类设备和 GIS 设备。了解和掌握高压开关类设备异常现象、原因以及处理方法能够帮助运维人员及时消除不良运行工况，有效提高设备运维质量，进而保证电网安全运行。

一、隔离开关设备异常

在实际运行中，隔离开关常见的设备异常包括：导电部分或接触部分发热，拒分、拒合，合闸三相不到位或者三相不同期，辅助开关触点切换不到位等。

1. 导电部分或接触部分发热

隔离开关在运行中发热，主要是动静触头导电层氧化、触指接触不良、压力弹簧疲劳所引起，导致接触部位过热，使接触电阻进一步增大，氧化加剧，可能会造成严重事故。隔离开关发热部位以接线板（图 4-3）、动静触头和转轴部位（图 4-4）较为常见。在正常运行中，运维人员应通过红外测温检查隔离开关主导流部位的温度不应超过规定值。

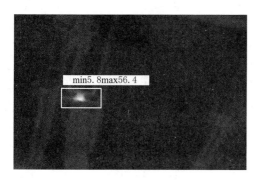
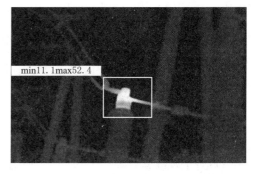

图 4-3　隔离开关接线板发热　　　　　　　图 4-4　隔离开关转轴发热

隔离开关过热处理：

（1）导电回路温差达到 15℃时，定为一般缺陷，应对发热部位增加测温次数，进行缺陷跟踪。

（2）发热部分最高温度大于 90℃或相对温差达到 $\delta \geqslant 80\%$ 时，定为严重缺陷，应增加测温次数并加强监视，向值班调控人员申请倒换运行方式或转移负荷。如果双母接线方式下某一母线侧隔离开关发热，可将该线路经倒闸操作倒至另一段母线上运行，将负荷转移以后，发热隔离开关停电检修。若不具备检修条件，另行申请（单元、母线）停电处理。如果单母线接线方式下某一母线侧隔离开关发热，母线短时间内无法停电，必须降低负荷，并加强监视，尽量把负荷倒至备用电源；如果有旁母，也可以把负荷倒旁母带路方式，再停电检修发热的隔离开关。

（3）发热部分最高温度大于 130℃或相对温差达到 $\delta \geqslant 95\%$ 时，定为危急缺陷，无法倒换运行方式或转移负荷时，应立即向值班调控人员申请停运。当发现隔离开关触头烧红，甚至熔化时，应立即拉开该回路断路器，切断该隔离开关电流，降低隔离开关触头温度，不得操作该隔离开关，防止触头烧牢，操作时发生故障，扩大事故。

（4）对于高压室内的发热隔离开关，在维持期间，除了减小负荷并加强监视外，还要采取通风降温的措施。

2．拒分、拒合

用手动或电动操作隔离开关时，有时发生拒分、拒合。其可能原因如下：

1）操动机构故障。手动操作的操动机构发生冰冻、锈蚀、卡死、瓷件破裂或断裂、操作杆断裂或销子脱落，以及检修后机械部分未连接，使隔离开关拒分、拒合。隔离开关本身的传动机构故障也会使隔离开关拒分、拒合。

2）电气回路故障。电动操作的隔离开关电源不正常，如电机回路空气开关跳闸或热继电器动作；电动机运转不正常或烧毁；控制回路如隔离开关的辅助触点接触不良，隔离开关的行程开关、切换手把触点不良，隔离开关箱的门控开关未接通，急停按钮常闭接点接触不良等，均会使隔离开关拒分、拒合。

3）误操作或防误装置失灵。断路器与隔离开关之间装有防止误操作的闭锁装置。当操作顺序错误时，被闭锁隔离开关拒分、拒合；当防误装置失灵时，隔离开关也会拒动。

4）隔离开关触头过热熔焊或触头变形，使隔离开关拒绝分、拒合。

隔离开关拒分或拒合时不得强行操作，运维人员应核对操作设备、操作顺序是否正确，与之相关回路的断路器、隔离开关及接地开关的实际位置是否符合操作程序，具体可从电气和机械两方面进行检查。

（1）电气方面。

1）检查隔离开关遥控压板是否投入、测控装置有无异常，观察测控装置遥控命令是否发出、"远方/就地"切换把手位置是否正确。

2）检查接触器是否励磁吸合。

3）若接触器励磁，应立即断开控制电源和电机电源，检查电机电源是否正常，接触器接点是否损坏或接触不良。机构箱缺相继电器损坏也可能引发此类故障。

4）若接触器未励磁，应检查控制回路是否完好，急停按钮常闭接点接触不良是常见原因，可以通过反复按下、松开的方法予以消除。

5）若接触器短时励磁无法自保持，应检查控制回路的自保持部分。

6）若空气开关跳闸或热继电器动作，应检查控制回路或电机回路有无短路接地，电气元件是否烧损，若热继电器定值过小可适当调整，若动作可复归后试送一次。

（2）机械方面。

1）检查操动机构位置指示与隔离开关实际位置是否一致。

2）检查绝缘子、机械联锁、传动连杆、导电臂（管）是否存在断裂、脱落、松动、变形等异常问题。

3）操动机构蜗轮、蜗杆是否断裂、卡滞。

4）若电气回路有问题，无法及时处理，应断开控制电源和电机电源，停止操作等待专业处理。操作时，若卡滞、无法操作到位或观察到绝缘子晃动等异常现象时，应停止操作，汇报值班调控人员并联系检修人员处理。

3. 三相不同期

隔离开关三相不同期是指隔离开关合闸过程中，其中一相最先到达刚合位置时，其余两相触指触头最小距离中的较大者数值，具体来讲当隔离开关存在三相不同期时，其中某相最先达到刚合位置时，其余两相触头触指（与静触头）的最小距离值分别为 L_1、L_2，若 $L_1 > L_2$，则隔离开关三相不同期为 L_1；同理若 $L_2 > L_1$，则隔离开关三相不同期为 L_2。

隔离开关的一些构件如连杆、拐臂等长度是可调的，在安装或检修调试隔离开关时，通过调整隔离开关可调部件的长度，使三相不同期满足相应的要求，但其调试质量受技术工人的经验限制，质量难以保证，当隔离开关调试不当时会产生操作卡滞，进而导致三相不同期。合闸时出现三相不同期，可能造成接触不良，导致隔离开关触头发热。

当隔离开关出现合闸不同期时，运维人员应拉开重合，并反复操作几次。如果还不能达到三相同期，操作人员应戴绝缘手套，使用绝缘操作杆辅助隔离开关合闸。运维人员记录缺陷，结合停电安排检修。

4. 辅助开关切换不良

辅助开关是主开关的一部分，配置于高/中压断路器、隔离开关等电力设备中，串接于二次控制回路的分合闸、信号以及联锁回路中。辅助开关之所以名称里面有"辅助"两个字，是因为它不是独立的一个开关，它在操作系统中是一个辅助性的分断、接通、联锁功能实现的载体。

隔离开关中有若干常开和常闭接点，随着隔离开关的分合状态变位。在双母线接线方式下，母差保护中保护装置通过此辅助接点确定各间隔挂在哪条母线上，正确计算小差电流，从而在母线故障时正确选择故障母线。

当隔离开关操作后出现辅助开关切换不良，主要有以下几点危害：

（1）影响母差保护。运行中当辅助开关发出变位时，母差保护装置将发出"隔离开关变位"信号。双母线接线方式下，如果母线侧两把隔离开关对应的辅助接点同时显示为接通状态，那么母差保护会自动判为互联方式，使母差保护失去选择性。此时发生单母线故障，将导致两条母线上所有断路器跳闸，扩大事故范围。

（2）影响防误回路。电气闭锁回路是利用断路器、隔离开关和接地开关等一次设备的辅助触点组成的电气闭锁逻辑回路。当隔离开关的辅助触点切换不良时，将导致正常的操作回路无法接通，设备出现拒动。或者导致闭锁回路接通，无法实现闭锁。

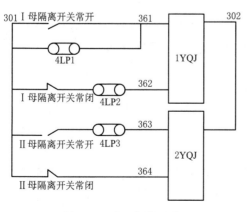

图 4-5 电压切换回路

（3）影响电压切换回路。为了保证双母线接线方式下接在母线上的所有电气元件一、二次系统的电压保持对应，避免保护装置误动或拒动，需要保护及自动化装置二次电压回路随一次主接线方式改变而同步切换，如图 4-5 所示。设计上，电压回路的切换是通过隔离开关两个辅助接点并联后启动电压切换中间继电器，也就是利用隔离开关的辅助开关切换，以实现电压回路切换。母线分列运行时，如果母线侧的两组隔离开关辅助接点切换不良，同时闭合将导致两组电压互感器二次侧非正常并列，此时如果两条母线之间有电压差，将会导致切换回路中产生环流，造成TV二次空气开关跳闸甚至烧毁电压切换回路。如果母线侧的两组隔离开关辅助接点切换不良，同时断开将导致整个电压切换回路失电，保护及自动化装置将会发出"TV断线"告警。

隔离开关辅助开关切换不良导致位置信号不正确的处理方法如下：

（1）现场确认隔离开关实际位置，可通过轻轻敲击的方式尝试解决。

（2）检查隔离开关辅助开关切换是否到位、触点是否接触良好，可以适当调整辅助连杆位置。如现场无法处理，应立即汇报值班调控人员并联系检修人员处理。

（3）双母线接线方式母差保护屏如有隔离开关模拟盘，应在保护人员的指导下将相应隔离开关位置强制对位至正确位置。

二、断路器设备异常

断路器作为重要的一次设备，在电网中起到举足轻重的作用，其中SF_6断路器开断能力强，性能稳定，在电网中得到广泛应用。在此主要以SF_6断路器作为研究对象，结合实际情况，阐述如下。

1. SF_6气体压力降低

监控系统或保护装置发出断路器SF_6气体压力低告警、压力低闭锁信号，压力低闭锁时会同时伴随控制回路断线信号，常见原因一般有：

（1）二次回路或密度继电器故障。首先检查SF_6气体压力表压力，并将其换算到当时环境温度下，如果低于报警压力值，则为SF_6气体泄漏，否则可排除气体泄漏的可能。因为SF_6密度表内带有接点，如果接点误接通，就会发出该气室SF_6气体降低信号，断路器气室SF_6气压低告警信号原理如图4-6所示。部分厂家生产的密度继电器密封不良，出现受潮或进水现象，也会导致内部接点短路。

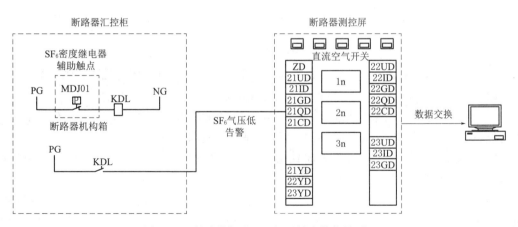

图4-6 断路器气室SF_6气压低告警信号原理

（2）SF_6气体存在泄漏。检查最近气体填充后的记录，若年漏气率小于1%，属于正常范围，只需对该单元进行补气；如大于此值，必须用检漏仪检测，确定漏气部位，结合检修进行消缺，更换密封件和其他已损坏的部件。具体处理方法：如泄漏很快，带电部

位可以通过 SF_6 专用红外检漏仪确定漏点；不带电部位可以用普通的 SF_6 检漏仪查找漏点；如果漏气率很低，可以用包扎法查找漏点。确定漏点后，联系备品备件，为消缺做好准备。根据现场运行经验，SF_6 主要泄漏部位有：①焊缝；②支持瓷套与法兰连接处、法兰密封面等；③灭弧室顶盖、提升杆密封处；④管路接头、密度继电器接口、压力表接头。

（3）环境温度变化导致。若经检查，二次回路或密度继电器均无故障且无 SF_6 气体泄漏情况，则确定为环境温度降低导致 SF_6 压力降低。

SF_6 气体压力降低后，将会影响断路器灭弧功能。当断路器 SF_6 气体压力持续降低至闭锁值时，串在合闸线圈或分闸线圈后的气体压力继电器（63GE1X）常闭接点打开，使合闸回路或者跳闸回路断开，造成断路器拒动，接点位置如图 4-7 所示。

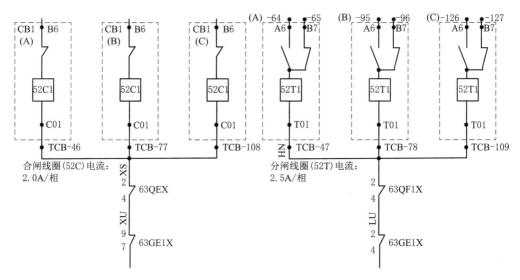

图 4-7　断路器合（左）、分（右）闸回路中的 SF_6 气体压力继电器接点 63GE1X

当断路器发出 SF_6 气体压力低告警时，运维人员应：

1）检查 SF_6 密度继电器（压力表）指示是否正常，气体管路阀门是否正确开启。

2）严寒地区检查断路器本体保温措施是否完好。

3）若 SF_6 气体压力降至告警值，但未降至压力闭锁值，联系检修人员，在保证安全的前提下进行补气，必要时对断路器本体及管路进行检漏。

4）若运行中 SF_6 气体压力降至闭锁值以下，立即汇报值班调控人员，断开断路器操作电源，按照值班调控人员指令隔离该断路器。

5）检查人员应按规定使用防护用品；若需进入室内，应开启所有排风机进行强制排风 15min，并用检漏仪测量 SF_6 气体合格，用仪器检测含氧量合格；室外应从上风侧接近断路器进行检查。

2. 断路器拒分

遇有事故时，断路器出现拒分故障会导致越级跳闸，即上一级断路器跳闸。这不仅会扩大事故停电范围，在严重时甚至会导致系统解列，造成大面积恶性停电事故。造成断路器拒分的原因主要来自电气回路故障和机械结构故障两个方面。

（1）电气回路方面。断路器分闸控制回路导通过程是正电—近控/远控接点—分闸线圈—闭锁回路—负电，形成通路。"近控/远控接点—分闸线圈"之间串入了断路器辅助接点，闭锁回路中还串有 SF_6 气体压力继电器接点。对于液压机构的断路器而言，闭锁回路中还会串入液压继电器低油压闭锁分闸接点。当上述任意一个环节出现断路时，都将导致控制回路无法接通。当断路器分闸回路存在断路问题时，一般会在监控后台发出"控制回路断线"告警。因此，断路器拒分主要电气原因如下：①控制电源消失；②直流母线电压过低；③就地操作切换开关在"就地"位置；④断路器合闸后辅助开关切换不到位；⑤ SF_6 压力过低闭锁；⑥液压压力过低闭锁。

需要说明的是，弹簧储能机构断路器反映合闸动力的弹簧储能接点串在合闸回路中，断路器合闸过程中为跳闸弹簧储能，电气接点未串接到分闸回路。而液压机构断路器的分闸回路中串入了油压低闭锁分闸的继电器接点，当油压降低时，该接点打开并切断分闸回路，即图 4-8 中的 63QF1X 接点。

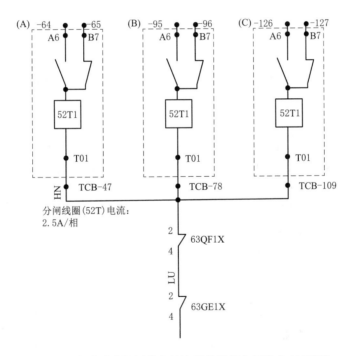

图 4-8　断路器分闸回路中的油压低闭锁分闸接点 63QF1X

当断路器因电气回路故障出现拒绝分闸异常时，运维人员应检查：

1）上一级直流电源是否消失。

2）断路器控制电源空开有无跳闸。

3）机构箱或汇控柜"远方/就地把手"位置是否正确。

4）弹簧储能机构储能是否正常。

5）液压、气动操动机构是否压力降低至闭锁值。

6）SF$_6$气体压力是否降低至闭锁值。

7）分合闸线圈是否断线、烧损。

8）控制回路是否存在接线松动或接触不良。

若控制电源空开跳闸或上一级直流电源跳闸，检查无明显异常，可试送一次。无法合上或再次跳开，未查明原因前不得再次送电。若机构箱、汇控柜远方/就地把手位置在"就地"位置，应将其切至"远方"位置，检查告警信号是否复归。若断路器SF$_6$气体压力或储能操动机构压力降低至闭锁值、弹簧机构未储能、控制回路接线松动、断线或分合闸线圈烧损，无法及时处理时，汇报值班调控人员，按照值班调控人员指令隔离该断路器。若断路器为两套控制回路时，其中一套控制回路断线时，在不影响保护可靠跳闸的情况下，该断路器可以继续运行。

（2）机械结构方面。造成断路器拒绝分闸的机械原因如下：

1）传动机构连杆脱落或变形。

2）线圈铁芯卡涩。

3）断路器动作后机构未复归到预分位置。

4）机构脱扣。

5）上一次操作后机构超行程。

6）定位螺栓松动。

当断路器由于机械原因无法分闸时，应按调度人员指令，将该断路器隔离，并安排检修人员处理。

3. 断路器拒合

高压断路器无法正常合闸送电，此现象称为高压断路器的拒合现象。断路器拒合故障一般也分为电气回路故障和机械故障，机械方面与拒分故障类似。

电气方面。断路器合闸控制回路导通过程是正电—近控/远控接点—合闸线圈—闭锁回路—负电，形成通路，如图4-9所示。"近控/远控接点—合闸线圈"之间又串入了断路器辅助接点，闭锁回路中串有SF$_6$气体压力继电器接点。合闸控制回路出现断路的主要原因如下：

（1）控制电源消失。

（2）直流母线电压过低。

（3）就地操作切换开关在"就地"位置。

（4）断路器合闸后辅助开关切换不到位。

（5）液压或SF$_6$压力过低闭锁。

（6）弹簧未储能。弹簧储能接点接在合闸回路中，若弹簧未储能，图4-9中BW1接点不闭合，合闸回路无法导通。

（7）防跳继电器线圈由于接点粘连始终得电。当断路器合闸完成之后，如果此时合闸指令正电始终不消失，会造成防跳继电器线圈始终带电，通过图4-9中K3接点将合闸回路切断，在此情况下断路器无法合闸。

当出现断路器拒绝合闸异常时，运维人员应采取以下处理措施：

（1）控制或合闸电源消失：如果是控制电源空气开关（熔断器）或合闸电源空气开关

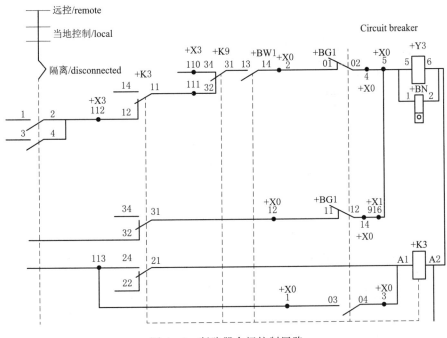

图 4 - 9 断路器合闸控制回路

（熔断器）跳开（熔断），应合上（更换）控制电源空气开关（熔断器）或合闸电源空气开关（熔断器），正常后，对断路器进行合闸；如果是控制或合闸回路其他原因引起，且不能查找到故障或查到故障后运维人员不能处理的，应通知专业人员处理。

（2）就地操作切换开关在"就地"位置：将操作切换开关由"就地"位置切换至"远方"位置。

（3）直流母线电压过低：调节蓄电池组端电压，使电压达到规定值。

（4）SF_6 压力过低闭锁：确认 SF_6 气体压力过低后，应通知专业人员处理，在未处理正常前，严禁对断路器进行合闸操作。

（5）液压压力过低闭锁：确认液压压力过低后，应通知专业人员处理，在未处理正常前，严禁对断路器进行合闸操作。

（6）弹簧未储能：若是储能电源空气开关跳开，应立即合上储能电源空气开关进行储能，如其他原因不能查找但又急需送电的，应断开储能电源开关后进行手动储能，储能正常后即可进行合闸，若弹簧储能系统零部件故障不能手动储能，则通知专业人员处理。

（7）其他不能处理的故障：作为缺陷上报调度及相关部门，通知相关专业人员处理。

4. 断路器非全相运行

220kV 及以上电压等级断路器不允许非全相运行。断路器两组分闸控制回路中设有非全相保护回路，如图 4 - 10 所示。

发生非全相运行时，非全相保护回路经过一定时间的延时，使断路器分闸线圈得电，跳开断路器的合闸相。非全相保护为断路器本体自带保护，时限按照躲过断路器继电保护时限整定。当断路器非全相保护未投入时，若出现断路器一相或者两相偷跳、合闸时一相

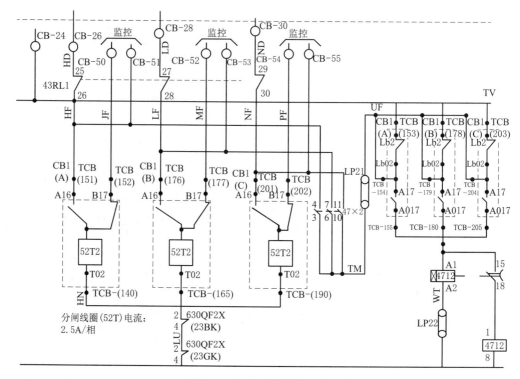

图 4-10 非全相保护回路

或者两相合不上、单相跳闸后重合闸失败或者未动作且未启动三相跳闸、断路器跳闸时一相或者两项未跳开等情况时，会造成断路器非全相运行。非全相运行时，相当于线路中出现断线事故，此时线路中有零序电流产生，零序电流的大小与线路负荷电流有关。如果零序电流达到继电保护定值，相关保护将会动作跳闸。如果此时线路零序电流未达到继电保护定值，那么非全相运行将会持续较长时间。遇此情况，运维人员应及时上报调度并将非全相运行断路器分闸。

5. 操动机构异常

断路器操动机构异常，在设备运行中发生的概率较高，下面按照不同的操作机构分别介绍。

（1）液压机构压力异常：当断路器液压机构压力异常出现时，监控系统可能会发出"压力异常""合闸闭锁""分闸闭锁""控制回路断线"等相关告警信息。

1）压力过低原因：油压正常降低，油泵因回路问题，不能自动打压储能；油路渗油；氮气泄漏。

2）压力过高原因：油泵启动打压，油泵停止微动开关位置偏高或接点打不开；储压筒因密封不良，液压油进入氮气内，导致预压力过高；气温过高，使预压力过高；压力表故障。

3）液压机构油泵打压频繁原因：液压油中有杂质；高压油路发生渗油；微动开关的停泵和启泵距离不合格；氮气泄漏。

（2）弹簧机构弹簧储能异常：弹簧储能系统发生异常时，一般会发出"弹簧未储能""控制回路断线"等信号，现场可检查弹簧未储能机械位置指示。弹簧机构储能异常的原因有：

1）储能电机电源回路不通，接点接触不良。

2）电动机本身发生故障。

3）弹簧调整拉力过大。

4）弹簧裂纹或者断裂。

操动机构发生异常时，运维人员应检查电源、外观是否正常。如果存在因压力低造成断路器闭锁时，运维人员应及时上报调度人员，按照指令进行操作或者对闭锁的断路器进行隔离。

三、GIS 设备常见异常

GIS 设备故障对安全运行影响巨大，若发现不及时将会带来严重的损失。GIS 设备各种元件故障率见表 4-1。

表 4-1　　　　　　　　　　　GIS 设备各种元件故障率统计　　　　　　　　　　%

元件名称	隔离开关和接地开关	盆式绝缘子	母线	电压互感器	断路器	其他
故障率	30	26.6	15	11.7	10	6.7

1. GIS 设备常见异常现象

（1）SF_6 表计损坏或者气室发生漏气导致，SF_6 气体压力降低告警或者压力异常闭锁。

（2）外绝缘子破损、闪络放电。

（3）气室局部放电异常。

（4）电动操作失灵。

2. GIS 设备异常产生的原因

造成 GIS 设备异常的原因多来自于设计、制造、组装阶段。

（1）设计不合理或绝缘裕度较小，易造成设备在长期运行中发生绝缘击穿事故。例如，GIS 设备中支撑绝缘子的使用场强是一个重要的设计参数，当使用场强超过设计值，使用初期可能没有局部放电现象，但会在长期运行中存在较大隐患。

（2）制造原因。GIS 设备制造厂的制造车间清洁度差，使得金属微粒、粉末等杂质残留在 GIS 设备气室内，投运后在特定环境下随着断路器开合操作被吹起，可能引发放电事故。表计、继电器等配件选用质量差，运行中多次发生误报及过热情况。此外，室外 GIS 设备密封件质量不过关，长时间恶劣环境下，存在多处漏气缺陷，针对这一情况，目前部分单位尝试为设备加盖设备小室的方法改善运行环境，取得了一定的效果。

（3）现场组装原因。组装现场清洁度差，导致绝缘件受潮、被腐蚀，杂物进入 GIS 设备内部。安装工人不遵守工艺规程，导致部件划伤、磕碰，螺栓紧固不良，漏装错装。运维人员在巡视中曾发现双母线双分段合环运行时，母联与分段 4 台断路器在一条线路跳闸后出现三相电流严重不平衡情况，经分析怀疑存在安装质量问题，后经试验发现此间隔隔离开关与母线连接时漏装了表链触指，在电动力作用下问题得以暴露。

3. GIS 设备异常、故障案例

（1）220kV GIS 设备断路器非全相分闸：2019 年 4 月 23 日，某 220kV 变电站 2224 断路器执行分闸操作。分闸操作执行后，运维人员检查操作情况发现遥信变位正常、现场机械位置变位正常，但 A 相遥测电流为 78A，B、C 两相电流为零。现场进一步检查发现 2224 线路出口避雷器 A 相泄漏电流值为 1.6mA，B、C 相为零。事故变电站 220kV 接线方式如图 4-11 所示。

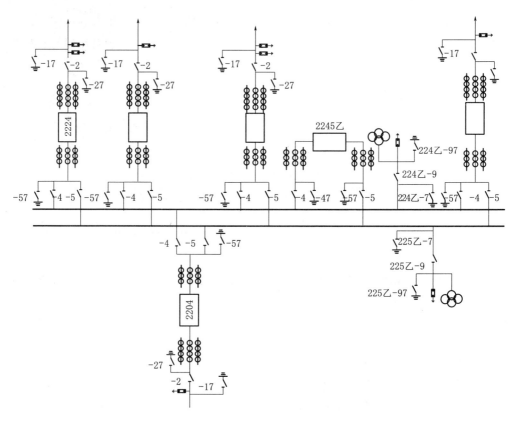

图 4-11　事故变电站 220kV 接线方式

运维人员判断 2224A 分闸不到位并将判断结果汇报调度部门，之后通过腾空母线，将其余线路全部倒至另外一条母线运行，利用母联断路器 2245 乙将故障隔离。经检修人员和厂家技术人员到站对断路器进行解体后发现，A 相断路器灭火室动触头拉杆紧固螺丝松脱，拉杆传动无效导致 A 相未分闸。

（2）隔离开关气室防爆膜破裂：2018 年 9 月 15 日 16：25，某 500kV 变电站 220kV 侧母联 2245 甲-4 隔离开关气室发出"低气压告警"光字牌。运维人员现场检查发现 SF$_6$ 压力表计指示为零，防爆膜破裂。事故变电站 220kV 一次接线方式如图 4-12 所示。

运维人员将检查情况上报调度后，发现问题后利用 20min 立即进行倒闸操作将 220kV-4 甲母线由运行转入检修，对 2245 甲-4 隔离开关气室进行隔离，避免了因绝缘击穿造成的短路事故。经检修人员和厂家技术人员到站检查后发现，该气室防爆膜存在结构缺陷，更换防爆膜并对气室重新抽真空、注气后，恢复送电。

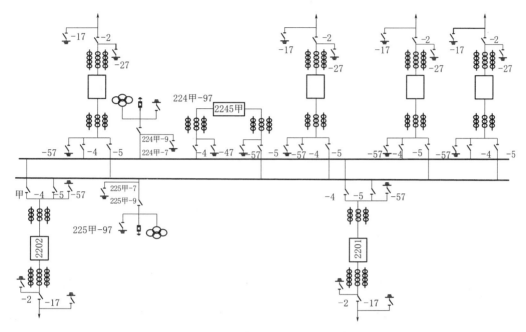

图 4-12　事故变电站 220kV 一次接线方式

第三节　变压器设备异常及事故处理

变压器是变电站中的主设备，变压器异常经常伴随着一些体表现象的变化。根据变压器的声音、振动、气味、颜色、负荷、温度及其他现象对变压器缺陷做出初步判断，并通过绝缘油及电气量测试，进行综合分析进而找出故障原因。

一、变压器设备异常及处理

1. 变压器声音异常

变压器类设备本体噪声主要由铁芯和绕组振动产生。干式变压器噪声通过空气传导出去；油浸式变压器噪声通过变压器油、固定连接部位传导至器身，再经空气传导出去。绕组会因为漏磁受到电动力产生振动。铁芯中流过磁通，铁芯硅钢片会被磁化，铁芯尺寸会受到磁滞伸缩力而发生改变，进而产生振动。

通过对运行中的变压器噪声进行 FFT 分析（图 4-13）可知，变压器运行噪声的基准频率为 100Hz。由于铁芯磁滞收缩具有非线性特性，铁芯的内外框磁通路径并不相同，使得铁芯与绕组的振动不同步，铁芯振动加速度信号中包含多种高次谐波分量，即基频的倍频，如 200Hz、300Hz 等。变压器正常运行的声音应当是连续均匀、和谐的嗡嗡声，有时由于负荷或电压的变动，音量可能略有高低，但不应有不连续的、爆裂性的噪声。当变压器的声音异常时，可能是机械振动引起，也可能局部放电引起，运维人员应检查变压器的负荷、电压、温度和变压器外观有无异常。

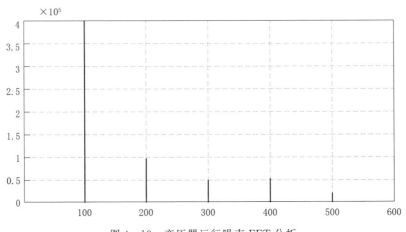

图 4-13　变压器运行噪声 FFT 分析

如果负荷及电压正常而有不均匀的噪声，则应：

（1）首先应设法弄清噪声的来源是来自变压器的外部还是内部。可以用测听棒（使用适当大小的螺丝刀）一端顶紧在外壳上，另一端用耳朵倾听内部音响进行判断。

（2）若判明噪声是来自变压器外部，如风扇、油泵运转产生异常噪声，可能是轴承损坏或其他机械或电气故障引起，应通知检修人员检修排除。若为外部放电声，则主要是变压器套管放电，变压器套管放电一般是由于变压器套管脏污或破损引起，变压器套管脏污放电要观察电弧长度。个别磁套群边之间放电，可等待停电处理；多个磁套群边之间放电，应尽快处理，情况严重时立即停电处理；变压器套管破损引起放电，立即停电处理。

（3）若判明噪声是来自变压器内部，应根据其音质判断是内部元件机械振动还是局部放电。变压器内部由于绝缘受损、接头松动等原因发生放电故障时，可以听到"吱吱"或者是"噼啪"的声音。当变压器出现比较严重的相间短路故障或者放电故障后，变压器温度急剧升高，会有类似开水沸腾"咕噜咕噜"的声音。放电噪声的节拍规律一般与高压套管上的电晕噪声类似。如发现可疑内部放电噪声，为了准确判断，应立即通知试验部门进行油中含气成分的色谱分析。

1）若色谱分析判明变压器内部无电气故障，噪声是由内部附件振动引起，变压器可继续运行，但应加强监视，注意噪声的发展变化。

2）若色谱分析判明变压器内存在局部放电或其他故障，应按现场规程及调度命令将变压器退出运行。

3）在化验未做出结论之前，应对变压器加强监视。如有备用变压器，可按现场条件及规程规定切换到备用变压器运行。

变压器嗡嗡声时大时小，产生原因多为负荷变化较大引起，需观察负荷电流有明显波动，系统振荡时也会产生此种声音，此时不影响运行。

2. 变压器油位异常

变压器油位异常存在于本体或套管。油位异常通常表现为过高或过低。

（1）本体或者有载调压开关油位异常。

1）本体或有载调压开关油位过高或冒油一般有以下原因：

a. 加油过多，气温升高时造成油位过高。

b. 有载调压油枕油位过高，有可能是内部存在渗漏，变压器本体的油渗到有载调压开关油箱。

c. 假油位。造成假油位的原因可能是呼吸器堵塞；防爆管通气孔堵塞；油标管堵塞或油位表失灵；全密封油枕未按全密封方式加油，在胶囊和油面之间有空气。

2）本体或者有载调压开关油位过低一般有以下原因：

a. 变压器严重漏油或者长期渗漏油。

b. 实际制造不当，油枕容量与变压器油箱容量配合不当（油枕容积应为变压器油量的 8%～10%），环境气温过低时造成油位过低。

c. 未按照标准温度油线加油。

d. 变压器多次取油样后没有及时补充。

（2）套管油位过低。套管油位过低会使套管与导电柱间的绝缘降低，造成套管内部放电。套管油位过低的原因主要有：

1）套管密封不严，向外出现渗漏油。

2）套管与油箱间密封不严，套管渗漏到油箱中。

3）套管安装时加油不足，气温降低时油位过低。

（3）当变压器本体或者有载调压开关油位出现异常时，运维人员可以通过本体或调压开关油枕的油位指示、油位/油温曲线、渗漏油情况、相同运行条件下的历史数据判断变压器油位是否异常。出现变压器油位异常后，可从以下方面进行分析处理：

1）程度较严重的漏油或长期的微漏油现象可能会使变压器的油位降低，应立即通知检修人员进行堵漏和加油。如因大量漏油而使油位迅速下降时，禁止将重瓦斯保护改信号，通知检修人员迅速采取制止漏油的措施，并立即加油。如油面下降过多，危及变压器运行时应提请调度将故障变压器停运。

2）220kV 及以上主变压器一般都采用带有隔膜或胶囊的油枕，当隔膜或胶囊下面储积有气体，使隔膜或胶囊的位置高于实际油面；呼吸器堵塞，使油位下降时隔膜上部空间或胶囊内出现负压，造成油位计误指示；隔膜或胶囊破裂，油进入隔膜上部空间或胶囊内造成油位计误指示时，可通过放气、检查呼吸器呼吸情况、检查呼吸器硅胶有无被油浸等方法来排除油位指示器的误指示。

3）因电气接头发热或其他原因使本体油箱与调压开关油箱之间的阻隔密封破坏时，本体油箱的油将持续流入调压开关油箱，使调压开关油位异常升高，甚至从调压开关呼吸器管道中溢出。这种情况一经确认，应申请主变压器停役加以处理。

4）以上引起油位异常的各种原因排除后，应怀疑主变压器存在内部故障或局部过热现象的可能，可采集油、气样，送交有关部门分析加以确认。

（4）当变压器套管油位异常时，应按如下方法处理：

1）套管严重渗漏或者瓷套破裂时，变压器应立即停运，经电气试验合格后方可将变压器投入运行。

2）套管油位异常下降，确认套管发生内漏（套管油与变压器油已经连通），应安排停电处理。如果套管油位观察窗已看不到油位，应立即将变压器退出运行，由检修人员处理。

3）套管油位过高时，应加强巡视，将现场情况报告生产管理部门。

3. 变压器油温异常

变压器在运行中，铁芯和绕组中的损耗转化成热量，引起各部位发热，使温度升高，热量通过变压器油及冷却器将热量散发出来，当发热与散热到达平衡时，变压器温度趋于稳定。正常时铁损是基本不变的（电压基本稳定），而铜损随负荷电流变化而变化。

变压器温度异常分为两种：一种是变压器顶层油温超过温度或温升限值（表4-2）；另一种是在相同条件下温度比平时高出10℃以上，或负荷不变温度不断上升。

表4-2　　　　　　　油浸式变压器顶层油温在额定电压下的一般限值　　　　　单位：℃

冷却方式	冷却介质最高温度	顶层最高油温	不宜经常超过温度	告警温度设定
自然循环自冷、自然循环风冷	40	95	85	85
强迫油循环风冷	40	85	80	80
强迫油循环水冷	30	70		

（1）当主变压器运行温度超过限值、发出超温信号时，可从以下几个方面查明原因：

1）检查变压器的负荷和环境温度，并与以前相同负荷和环境温度下的油温、绕组温度进行对比分析。

2）核对温度表排除误指示可能。

3）检查变压器冷却装置情况、冷却器是否已全部投入运行、散热器是否存在积灰等影响其冷却效率的情况。

（2）处理方法：

1）如温度升高是由于过负荷、过励磁或冷却器故障引起的，则按相应的规定进行处理。

2）如原因不明，必须立即报告调度及有关领导，请专业人员检查并寻找原因加以排除。

3）当发现主变压器温度较相同运行条件下的历史数据有明显差距，或温度虽未越限但在负荷没有大幅变化的情况下呈现较快的增长速率时，必须引起高度重视，并采取以下措施：

a. 提高对主变压器检查巡视的频次。

b. 调阅站内自动化系统的主变压器温度/负荷曲线，并进行密切监视。

c. 运用排除法对有可能引起主变压器温度升高的各种原因进行分析排除。

d. 请有关专业人员进行检查并寻找原因。

4. 变压器轻瓦斯保护动作

变压器气体继电器是安装在变压器油箱与油枕之间的一个装置，专门用于收集变压器油箱溢出气体及测量变压器油箱油流向油枕的速度的继电器。轻瓦斯告警，即气体继电器已经收集到一定量的气体时，发出信息。

（1）轻瓦斯保护动作的原因有：

1）变压器内部有轻微故障产生气体。

2）变压器内部因如下原因聚集空气：

a. 注入变压器油时油中含有气体。

b. 注油时将空气带入或者真空脱气不够，空气未排净。

c. 变压器运行或者有载开关动作频繁发热，促使油中气体逐步溢出，造成气体聚集过多。

d. 部件密封不严，强迫油循环风冷变压器潜油泵产生负压进气。

3）外部发生穿越性短路故障，造成变压器油过热气化。

4）瓦斯继电器误动，如接线盒进水，电缆绝缘老化或者继电器接点粘连等。

5）油温降低或者漏油使油面降低。

（2）对于瓦斯保护信号动作的异常处理，目前多地要求试验专业人员进行气体采集工作，此处提供常规取气方法供运维人员参考：

1）判断是否保护误动及二次电缆短路时判断方法是检查气体继电器内是否有气体，没有气体则为保护误动及二次电缆短路引起，保护误动及二次电缆短路时应停用变压器重瓦斯保护跳闸功能。

2）对变压器进行外观、负荷、温度、油位、声响及渗漏油情况进行细致地检查。

3）采集瓦斯继电器内的气体，并记录气量。一般使用较大容量的注射器进行采气。先取下注射器针尖，换上一小段塑料或耐油橡胶细管，排出空气，再将软管接在瓦斯继电器的排气阀上（要求接头严密、不漏气）；打开排气阀，缓缓抽动注射器活塞，吸入管道内残留的变压器油，关闭阀门、断开软管，将注射器活塞推到底，排除变压器油；再接上软管将气体吸入注射器内；最后关闭排气阀，拆除软管与排气阀连接。

4）在取气及油色谱分析过程中，应高度注意人身安全，严防设备突发故障。

5）对气体进行感官检查并进行定性分析，观察注射器内的气体是否无色透明，然后换装针头将少量气体徐徐推出，辨别其气味，再推出部分气体于针尖处点火试之，判别是否可燃，并将检查情况报告调度及有关领导。

6）通知有关专业人员取样做色谱和气相分析，一旦发现采集的气体有浑浊、味臭、可燃等情况，应迅速将剩余气样送有关部门或由他们重新采样进行进一步的定量分析。

7）根据分析结果分别做出将主变压器停役、继续采样观察或撤销警戒的处理。

8）若轻瓦斯报警信号连续发出 2 次及以上，说明故障可能正在发展，应申请尽快停运。

5. 变压器过负荷

（1）变压器过负荷表现为电流超过正常值。过负荷可分为正常过负荷和事故过负荷两种。过负荷的原因如下：

1）变压器容量过小，不能满足负荷需要。

2）负荷突然大量增加。

3）无功补偿量不足。

4）站内其他变压器设备停电检修或者故障退出运行。

（2）处理步骤。

1）记录过负荷起始时间、负荷值及当时环境温度。

2）将过负荷情况向调度汇报，采取措施压降负荷。查对相应型号变压器过负荷限值表，并按表内所列数据对正常过负荷和事故过负荷的幅度和时间进行监视和控制。

3）若冷却器未全部投入，手动投入全部冷却器。

4）对过负荷主变压器特巡，检查风冷系统运转情况及各连接点有无发热情况。

5）指派专人严密监视过载主变压器的负荷及温度，当过负荷运行时间已超过允许值时，应立即汇报调度将主变压器停运。

6）当有载调压变压器过载 1.2 倍运行时，禁止进行分接开关变换操作（AVC 退出该变压器分接头自动调节功能）。

6. 强油风冷变压器冷却器全停

强迫油循环风冷变压器设有冷却器全停告警信号。测控信号回路中 KT6 时间继电器接点闭合，报警回路接通，监控后台发出冷却器全停报警，如图 4-14 所示。

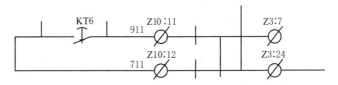

图 4-14　冷却器全停信号回路

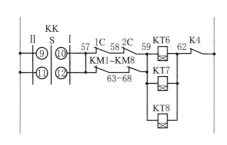

图 4-15　冷却器全停信号原理图

造成 KT6 接点闭合的原因有：①1C 和 2C 电源接入执行继电器线圈均失电，1C 和 2C 常闭接点闭合，即Ⅰ电源和Ⅱ电源都无法接入冷却器系统时，KT6 线圈得电，经过 3s 延时后 KT6 接点闭合；②两路电源至少有一路正常时，若 8 组冷却器风扇和油泵电源交流接触器线圈（KM1～KM8）均失电，对应的 8 组接点（串联）全部闭合，回路导通，KT6 时间继电器线圈得电，如图 4-15 所示。

综上，冷却器全停的原因可总结为：Ⅰ电源和Ⅱ电源均故障；电源正常情况下，8 组风扇和油泵均未正常投入。

根据《国家电网公司变电运维管理规定 第 1 分册 油浸式变压器（电抗器）运维细则》的相关规定，强迫油循环风冷变压器在运行中，当冷却系统发生故障切除全部冷却器时，变压器在额定负载下可运行 20min。20min 以后，当油面温度尚未达到 75℃时，允许上升到 75℃，但冷却器全停的最长运行时间不得超过 1h。对于同时具有多种冷却方式的变压器应按制造厂规定执行。冷却装置部分故障时，变压器的允许负载和运行时间应参考制造厂规定。

发生变压器冷却器全停时，运维人员应：

（1）由值班负责人指定专人监视、记录主变压器的电流与温度，并立即向调度汇报。

（2）同时以最快的速度分析有关信号，查找原因并设法恢复冷却器运行。若是所用电失电所致，则按所用电失电有关规定处理；若是冷却系统备用电源自投回路失灵，则立即手动合上备用电源；若是直流控制电源失电，则将冷却器控制改为手动方式后恢复冷却器运行。

（3）如果一时无法恢复冷却器运行，应于冷却器全停允许运行时间到达前报告调度要求停用主变压器。而不管上层油温或绕组温度是否已超过限值，因为在潜油泵停转的情况下，热传导过程极为缓慢，在温度上升的过程中，绕组和铁芯的温度上升速度远远高于油温的上升速度，此时的油温指示已不能正确反映主变压器内部的温度升高情况，只能通过负荷与时间来进行控制。

二、变压器事故处理

1. 变压器本体主保护动作

（1）现象。

1）监控系统发出重瓦斯保护动作、差动保护动作、差动速断保护动作信息，主画面显示主变压器各侧断路器跳闸，各侧电流、功率显示为零。

2）保护装置发出重瓦斯保护动作、差动保护动作、差动速断保护动作信息。

（2）处理原则。

1）现场检查保护范围内一次设备，重点检查变压器有无喷油、漏油等，检查气体继电器内部有无气体积聚，检查油色谱在线监测装置数据，检查变压器本体油温、油位变化情况。

2）认真检查核对变压器保护动作信息，同时检查其他设备保护动作信号、一/二次回路、直流电源系统和站用电系统运行情况。

3）站用电系统全部失电应尽快恢复正常供电。

4）按照调度指令或《变电站现场运行专用规程》的规定，调整变压器中性点运行方式。

5）检查运行变压器是否过负荷，根据负荷情况投入冷却器。若变压器过负荷运行，应汇报值班调控人员转移负荷。

6）检查备自投装置动作情况。如果备自投装置正确动作，则根据调度指令退出该备自投装置。如果备自投装置没有正确动作，检查备自投装置动作后所作用的断路器（分段、母联断路器）具备条件时，根据调度指令退出备用电源自投装置后，立即合上备自投装置动作后所作用的断路器，恢复失电母线所带负载。

7）检查故障发生时现场是否存在检修作业，是否存在引起保护动作的可能因素，若有检修作业应立即停止工作。

8）综合变压器各部位检查结果和继电保护装置动作信息，确认故障设备，快速隔离。

9）确认变压器各侧断路器跳闸后，应立即停运强迫油循环风冷变压器的潜油泵。

10）记录保护动作时间及一、二次设备检查结果并汇报。

11）确认故障设备后，应提前布置检修试验工作的安全措施。

12）确认保护范围内无故障后，应查明保护是否误动及误动原因。

2. 变压器有载调压重瓦斯动作

（1）现象。

1）监控系统发出有载调压重瓦斯保护动作信息，主画面显示主变压器各侧断路器跳闸，各侧电流、功率显示为零。

2）保护装置发出变压器有载调压重瓦斯保护动作信息。

（2）处理原则。有载调压重瓦斯与本体重瓦斯动作处理原则1）～8）条基本相同，但要注意以下几点：

1）检查有载调压重瓦斯保护动作前调压分接开关是否进行调整，检查故障发生时滤油装置是否启动，统计调压开关近期动作次数及总次数。

2）记录保护动作时间及一、二次设备检查结果并汇报。

3）确认调压开关内部故障造成瓦斯保护动作后，应提前布置故障变压器检修试验工作的安全措施。

4）确认变压器内部无故障后，应查明有载调压重瓦斯保护是否误动及误动原因。

3. 变压器后备保护动作

（1）现象。

1）监控系统发出复合电压闭锁过流保护、零序保护、间隙保护、阻抗保护等信息，主画面显示主变压器相应断路器跳闸，电流、功率显示为零。

2）保护装置发出变压器后备保护动作信息。

（2）处理原则。后备保护动作处理原则与本体重瓦斯动作处理原则2）～8）条基本相同，但要注意以下几点：

1）检查变压器后备保护动作范围内是否存在造成保护动作的故障，检查故障录波器有无短路引起的故障电流，检查是否存在越级跳闸现象。

2）确认出线断路器越级跳闸，在隔离故障点后，汇报值班调控人员，按照值班调控人员指令处理。

3）检查站内无明显异常，应联系检修人员，查明后备保护是否误动及误动原因。

4）记录后备保护动作时间及一、二次设备检查结果并汇报。

5）提前布置检修试验工作的安全措施。

4. 变压器着火

（1）现象。

1）监控系统发出重瓦斯保护动作、差动保护动作、灭火装置报警、消防总告警等信息，主画面显示主变压器各侧断路器跳闸，各侧电流、功率显示为零。

2）保护装置发出变压器重瓦斯保护、差动保护动作信息。

3）变压器冒烟着火、排油充氮装置启动、自动喷淋系统启动。

（2）处理原则。

1）现场检查变压器有无着火、爆炸、喷油、漏油等。

2）检查变压器各侧断路器是否断开，保护是否正确动作。检查变压器灭火装置启动情况。

3）变压器保护未动作或者断路器未断开时，应立即拉开变压器各侧断路器及隔离开关和冷却器交流电源，迅速采取灭火措施，防止火灾蔓延。

4）如变压器顶盖上溢油着火时，则应打开下部阀门放油至适当油位；如变压器内部故障引起着火时，则不能放油，以防变压器发生严重爆炸。

5）灭火后检查直流电源系统和站用电系统运行情况。

6）按照调度指令或《变电站现场运行专用规程》的规定，调整变压器中性点运行方式。

7）检查运行变压器是否过负荷，根据负荷情况投入冷却器。若变压器过负荷运行，应汇报值班调控人员转移负荷。

8）检查失电母线及各线路断路器，汇报值班调控人员，按照值班调控人员指令处理。

9）检查故障发生时现场是否存在引起主变压器着火的检修作业。

10）记录保护动作时间及一、二次设备检查结果并汇报。

11）变压器着火时应立即汇报上级管理部门，及时报警。

5．变压器套管炸裂

（1）现象。

1）监控系统发出差动保护动作信息，主画面显示主变压器各侧断路器跳闸，各侧电流、功率显示为零。

2）保护装置发出变压器差动保护动作信息。

3）变压器套管炸裂、严重漏油（无油位）。

（2）处理原则。套管炸裂处理原则与本体重瓦斯动作处理原则2）～6）条基本相同，但要注意以下几点：

1）检查变压器套管炸裂情况。

2）确认变压器各侧断路器跳闸后，检查强迫油循环风冷变压器的风机及潜油泵已停止运行。

3）快速隔离故障变压器。

4）记录变压器保护动作时间及一、二次设备检查结果并汇报。

5）提前布置故障变压器检修试验工作的安全措施。

三、变压器异常及事故实例

2019 年某 220kV 变电站 1 号主变压器跳闸。1 号主变压器两套 CSC - 326 差动保护动作，2201、3011、3012、201 断路器动作跳闸，中低压侧自投动作，合上 3441、3443、2441 断路器，中压侧自投成功，2441 断路器合上后，零序加速动作，跳开 2441 断路器，低压侧自投未成功，损失负荷 0.58MW。

（1）事故前运行方式：1 号主变压器 35kV 侧带分支，3011、3012 分别带 35 - 41、35 - 42 母线，分别与 3443、3441 自投配合；10 kV 侧不带分支，201 带 10 - 41 母线，与 2441 自投配合，运行方式如图 4 - 16 所示。

（2）事故现象。

1）检查监控系统。监控后台报文信息如下：

2019 - 03 - 28 08：53：53.474　　1 号主变压器保护 B 屏 CSC - 326 差动保护动作

2019 - 03 - 28 08：53：53.475　　1 号主变压器保护 A 屏 CSC - 326 差动保护动作

2019 - 03 - 28 08：53：57.548　　3441 备自投保护监控跳进线一动作

2019 - 03 - 28 08：53：57.558　　2441 备自投保护跳进线一动作

2019 - 03 - 28 08：53：57.613　　3443 备自投保护跳进线一动作

2019 - 03 - 28 08：53：57.633　　3441 备自投保护合分段动作

2019 - 03 - 28 08：53：57.648　　2441 备自投保护合分段动作

2019 - 03 - 28 08：53：57.698　　3443 备自投保护合分段动作

2019 - 03 - 28 08：53：57.710　　2441 充电保护 2441 断路器合位

2019 - 03 - 28 08：53：57.969　　2441 备自投保护 2441 零序加速动作

2019 - 03 - 28 08：53：58.021　　2441 备自投保护 2441 断路器分位

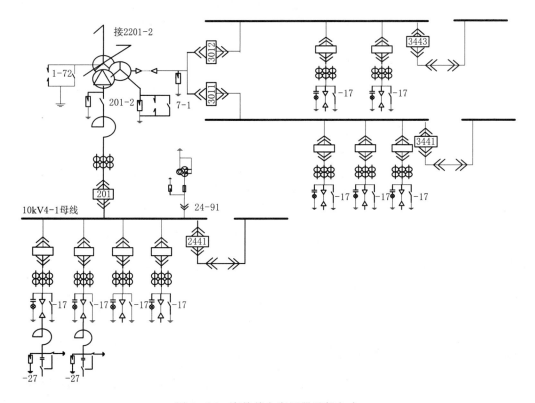

图 4 - 16　事故前主变压器运行方式

2）保护装置检查。检查 1 号主变压器保护，1 号主变压器 CSC - 326 第一套保护装置动作信息如下：

22ms　比率差动 A 相出口

22ms　比率差动 B 相出口

1 号主变压器 CSC - 326 第二套保护装置动作信息如下：

21ms　比率差动 A 相出口

21ms 比率差动 B 相出口

查看主变压器保护动作报告中录波图如图 4-17 所示，故障时 201 断路器处电流互感器无电流，10kV 侧小电抗处 A、B 相电流互感器故障电流，大小约为 2.4kA，角度相差180°，故可初步判定电抗前电流互感器至 201 断路器电流互感器间 AB 相短路。主变压器差动保护动作，将 1 号主变压器三侧断路器跳开。

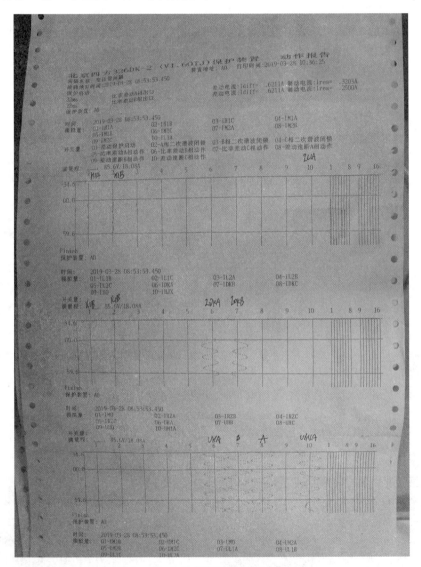

图 4-17 1 号主变压器保护动作报告

检查 3441、3443 备自投保护，3441、3443 均配置 WBT-821 备自投保护装置，动作报文如下：

19-03-28 08：53：57.548 跳进线一

19-03-28 08：53：57.633 合分段

1 号主变压器 3011、3012 跳闸后，35-41、35-42 母线电压失电，3441、3443 备自

投保护经 4s 延时动作，跳进线一，经 0.1s 延时合分段，3441、3443 自投成功。

检查 2441 备自投保护，2441 备自投装置动作信息如下：

19 - 03 - 28 08：53：57.558 跳进线一

19 - 03 - 28 08：53：57.648 合分段

19 - 03 - 28 08：53：57.969 2441 零序加速动作

1 号主变压器 201 跳闸后，10 - 41 母线电压失电，2441 备自投保护经 4s 延时动作，跳进线一，经 0.1s 延时合分段，2441 自投成功，2441 合闸后，零序加速保护动作，将 2441 跳开。

对故障录波进行检查，调阅 1 号主变压器故障录波器录波文件，相关间隔电压电流波形如下：1 号电抗器电流与 1 号主变压器保护装置波形一致，如图 4 - 18 所示；10kV - 41 母线电压波形如图 4 - 19 所示。

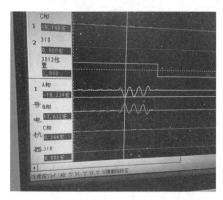 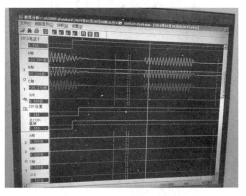

图 4 - 18　1 号电抗器电流波形图　　　　图 4 - 19　10kV - 41 母线电压波形图

10kV - 41 母线 AB 相电压降低为 3.3 kV，同相，符合 AB 相短路现象。201 跳开后，母线电压降为 0，2441 自投后，10kV - 41 母线电压恢复，2441 零序加速经 200ms 延时动作，2441 跳开后，10kV - 41 母线失电，母线电压降为 0。2441 电流波形如图 4 - 20 所示。

2441 自投后，三相分别存在偏向时间轴一侧的电流，40ms 后，2441 产生零序电流，大小约为 1.1A（二次值），大于 2441 零序加速定值（0.15A），经 200ms 延时，零序加速保护动作，2441 跳开。

检查 2441 自投后，其电源 2021 电流波形如图 4 - 21 所示。

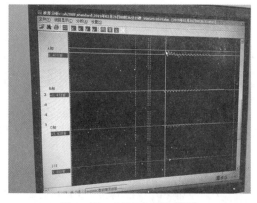 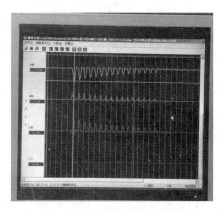

图 4 - 20　2441 电流波形图　　　　图 4 - 21　2021 电流波形图

2441 自投后，其电源 2021 A、B、C 三相分别存在偏向时间轴一侧的电流，电流逐渐衰减，无零序电流。

2441 备自投装置配置备自投功能及充电保护功能，在将备自投装置停用并做好二次安全措施后，二次专业人员对装置及其二次回路进行检查，并进行了装置的模拟传动，装置及二次回路检查良好。

3）现场设备检查情况。

a. 现场检查 1 号变设备外观无异常。

b. 检查 10kV 侧限流电抗器，发现 A、B 相引线支柱绝缘子有鸟类羽毛痕迹及血迹，现场在电抗器外侧围墙上有血迹，上部有受伤野鸽 1 只，如图 4-22 和图 4-23 所示。

图 4-22　限流电抗器放电点

c. 现场检查单元内其余设备外观无异常。

（3）现场处置情况。

1）1 号变压器及 10kV-41 母线转检修。

2）对 1 号主变压器单元做例行试验，并对主变压器开展绕组变形试验（包括频响及低电压阻抗试验），对 10kV 限流电抗器开展耐压试验，对 2441、201 电流互感器开展二次绕组直流电阻及伏安特性试验，各项试验数据正常。

3）对 1 号主变压器本体上部进行检查，主变压器本体无异常。

4）对 10kV-41 母线、母线桥、电抗器、站用变压器进行检查及清扫，对单元内三侧断路器进行传动检查，设备无异常。

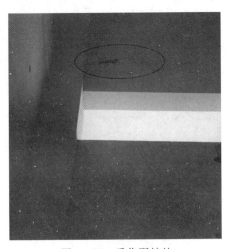

图 4-23　受伤野鸽处

5）对 1 号、2 号、3 号主变压器低压侧限流电抗器外部围墙敞开处加装隔离网，防止鸟类再次进入设备区，如图 4 - 24 和图 4 - 25 所示。

图 4 - 24　安装护网前

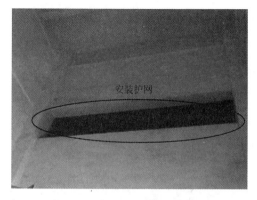

图 4 - 25　安装护网后

（4）故障设备情况初步分析。

1）第一阶段：野鸽从限流电抗器外部围墙敞开处飞入设备区，停靠在限流电抗器 A 相尾端及 B 相首端支柱绝缘子附近，侵犯安全距离，造成 AB 相间短路。主变压器差动保护动作，将 1 号主变压器三侧断路器跳开。

1 号主变压器 3011、3012 跳闸后，35 - 41、35 - 42 母线电压失电，3441、3443 备自投保护经 4s 延时动作，跳进线一，经 0.1s 延时合分段，3441、3443 自投成功。1 号主变压器 201 跳闸后，10 - 41 母线电压失电，2441 备自投保护经 4s 延时动作，跳进线一，经 0.1s 延时合分段，2441 自投成功。

2）第二阶段：2441 自投后 40ms，2441 产生零序电流，大小约为 1.1A（二次值），大于 2441 零序加速定值（0.15A），经 200ms 延时，零序加速保护动作，2441 跳开。

3）对 2441 零序电流产生原因进行分析如下：2021 为 2441 电源，2021 电流为 2441 电流与 10kV - 42 负荷电流之和，负荷电流较小，忽略不计。2021 与 2441 波形对比如图 4 - 26 所示。

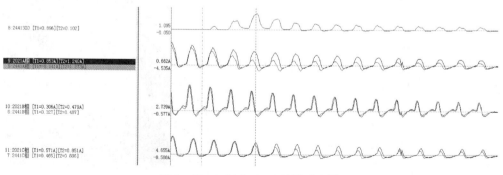

图 4 - 26　2021 与 2441 波形对比图

2021 与 2441 波形对比图显示，2021 与 2441 B、C 相电流基本吻合，A 相电流前 40ms 基本吻合，40ms 后 2441 电流比 2021 电流在峰值附近明显减小，差值与 2441 的零序电流基本一致。

2021 电流互感器变比为 6000/1，准确级为 5P10；2441 电流互感器变比为 2000/1，准确级为 5P10，同样故障电流下，2441 电流互感器抗饱和能力较 2021 电流互感器差。

故障录波图显示，2021 与 2441 电流互感器中的故障电流偏向时间轴一侧，含明显的直流分量，谐波分析显示，直流分量与基波大小基本相同。

综上所述，设备故障起因为野鸽侵犯限流电抗器 A、B 相间安全距离，直接造成设备故障跳闸，在低压侧自投过程中，初步分析为 2441 电流互感器在直流分量的影响下出现饱和，造成电流传变失真，使 2441 电流互感器二次侧出现零序电流，达到 2441 零序加速定值，2441 零序加速动作跳开 2441 断路器，造成低压侧自投不成功。

（5）暴露的问题。

1）站内初始设计阶段未考虑防止鸟类进入限流电抗器设备区，存在运行隐患。

2）10kV 开关柜初始设计阶段未考虑电流互感器级差配置不合理可能造成在直流分量下的不平衡。

（6）整改措施。

1）优化设备选型，合理配置柜内互感器设备，降低故障风险。

2）针对设备护网完整性及防鸟类进入室内措施是否完善进行排查，排查出问题及时治理。

第四节　母线常见异常现象及事故处理

一、母线设备异常及处理

1. 母线过热的处理

母线在运行中，因严重过负荷或母线间或母线与引线间接触不良，都会引起母线过热。母线是否过热可用红外线测温仪来测量母线的温度，如通过目测或红外线测温仪扫描发现母线过热发红时（尤其是高峰负荷期，极易出现母线接头温升超标过热），值班员应立即向调度报告，采取倒换备用母线、转移负荷，直至用停电检修等方法处理。

2. 母线绝缘子破损、放电的处理

母线绝缘子破损、母线所配支柱或悬式绝缘子一旦破损，会造成母线接地或相间短路。此外，母线绝缘子因绝缘不良或零值击穿等故障影响，会出现明显放电现象，尤其是在大雾或雨雪天气。因此，应定期停电检测支柱绝缘子外观有无破损、裂纹等情况和对悬式绝缘子进行零值检测，一旦发现母线绝缘子破损、放电，值班人员应尽快报告调度，停电处理。在停电更换绝缘子前，应加强对破损绝缘子的监视，增加巡视检查周期。

3. 母线出现异常声响的处理

母线接头处出现异常声响，可能是由于与母线连接的金具松动或铜铝搭线处氧化引起的，此时应通过倒换母线，停用故障母线进行处理。

4. 硬母线变形的处理

运行中的硬母线在正常状态下，相间和相与地间的安全距离裕度不大，一旦出现母线变形，可能发生安全距离不满足要求的问题。因此，发现硬母线变形时，一方面应尽快报

告调度，请求处理；另一方面应尽可能找出变形原因，如外力造成机械损伤、母线过热、母线明显通过了较大的短路电流等，以利于尽快消除变形。

5. 母线电压不平衡的原因

母线三相电压不平衡时，应根据具体情况，查明原因，分别处理。造成母线三相电压不平衡的原因有：

(1) 输电线路发生金属性接地或非金属性接地故障。

(2) 电压互感器一、二次侧熔断器熔断。

(3) 空母线或线路的三相对地电容电流不平衡，出现假接地现象。

(4) 输电线路长度与消弧线圈分接头调整不匹配，也可能出现假接地现象。

6. 母线上悬挂异物的处理

在大风天气，母线上易悬挂异物，有造成母线接地故障或相间短路的风险，应及时关注天气变化情况：在大风天气前应做好变电站及周边设施的巡视、检查工作，压紧压实可能因大风而漂浮至电力设备上的物体；大风天气后做好特巡工作，对母线上出现悬挂异物的现象应及时汇报并做好记录，在异物清除前应加强监视，做好应急备案。

二、母线设备事故的处理

1. 母线事故原因

母线故障种类有母线接地、两相短路、三相短路和污闪等情况。母线故障或失压的主要原因具体分类如下：

(1) 母线上设备引线接头松动、悬挂异物造成接地。

(2) 母线绝缘子及断路器靠母线侧套管绝缘损坏或发生闪络。

(3) 母线上所连接的电压互感器故障。

(4) 连接在母线上的隔离开关支持绝缘子损坏或发生闪络故障。

(5) 母线上的避雷器及支持绝缘子等设备损坏。

(6) 各出线（主变压器断路器）电流互感器之间的断路器、电流互感器绝缘子发生闪络故障。

(7) 二次回路故障。

(8) 误拉、误合、带负荷拉合母线侧隔离开关或带地线合隔离开关引起的母线故障。

(9) 母线差动保护误动。

(10) 保护误整定。

(11) 线路上发生故障，线路保护拒动或断路器拒跳，造成越级跳闸。线路故障时，线路断路器拒跳，一般由失灵保护动作，使故障线路所在母线上断路器全部跳闸。未装失灵保护的，由电源进线后备保护动作跳闸，母线失压。

(12) 因上一级母线故障跳闸造成本级母线失压。

2. 母线事故现象

警铃响，故障母线上所接断路器跳闸，相应回路电流、有功功率、无功功率表指示为零。监控系统发出"母差动作""电压回路断线"等光字牌，故障母线电压棒图指示为零，母线保护屏保护动作信号灯亮。检查现场母线及所连设备、接头、绝缘支撑等有放电、拉弧及短路等异常情况出现。另外，在故障处可能发生爆炸、冒烟或起火的现象。

3. 母线事故处理原则和步骤

母线故障在电力系统故障中所占比例不大，但母线失压故障对整个系统影响较大，严重时会造成大面积停电或使系统解列。母线故障发生后，要及时记录时间、断路器跳闸情况、光字及保护动作信号，最关键是根据事故的现象、保护及自动装置的动作情况、断路器的跳闸情况，迅速、准确地查找出故障点并进行隔离，恢复无故障设备的送电。

4. 发生母线事故跳闸的处理步骤

（1）对跳闸母线的母差保护范围内的设备，认真地进行外部检查。检查有无爆炸、冒烟、起火现象或放电痕迹，瓷质部分有无击穿闪络、破碎痕迹，配电装置上、导线上有无落物，设备上是否有人工作等。

（2）若因越级跳闸，可快速隔离故障并恢复非故障母线。利用备用电源或合上母线分段（或母联）断路器，先对失压的中、低压侧母线及分路恢复供电，并优先恢复站用电。

（3）若发现有明显的故障现象，应根据故障点能否隔离、能否及时消除，分别采取不同的措施。

1）若故障点能隔离或者消除，应立即断开断路器、拉开隔离开关进行隔离或消除故障。检查母线绝缘良好，导线无严重损伤，对母线充电正常后恢复供电。

2）若故障不能隔离或者消除，对于双母线接线，可将无故障部分全部倒至另一段正常母线上，恢复供电；故障设备的负荷可倒至旁路切带。单母线接线，只能将重要的负荷倒至旁路切带，尽量减小停电损失。无上述条件，只有停电检修以后，再恢复供电。

（4）双母线运行，两条母线同时停电，若母联断路器未断开，应立即断开母联断路器，经检查排除故障后再送电，要尽快恢复无故障的母线运行。

（5）若母线未发现任何故障现象，分路中有保护动作信号，可能属外部故障，或因母差保护电流回路有问题以致误动作。应汇报调度，根据调度命令，将外部故障隔离以后，重新恢复母线供电。

（6）对 3/2 断路器接线方式的母线故障跳闸，若跳闸前各串均为合环运行，则母线故障后，不影响对线路及变压器设备供电；但若在故障前，中断路器处于检修状态，母线故障跳闸将引起线路或变压器高压侧断路跳闸，此时应尽快恢复中断路器运行。

（7）若未发现任何故障现象，站内设备无问题，跳闸时无故障电流冲击现象，母差保护动作信号不能复归。应由保护专业人员检查母差保护出口继电器的触点位置、直流母线绝缘、保护装置是否存在异常。

（8）当母线本身无保护装置时，或母线保护因某种原因已停用而母线故障时，其所接的线路断路器不会动作，由对侧的断路器跳闸将故障隔离。

三、母线异常和事故处理实例

1. 因大风异物导致母差保护动作

（1）事故前运行方式。110kV 母线为双母线接线，母联 145 断路器合位。

（2）事故过程及处理。2017 年 10 月 28 日 19：52，阳东一线 115 断路器相间距离一段保护动作掉闸，110kV 母差保护动作，110kV - 4 母线失电。运维人员到现场检查发现，阳东一线 115 出线门型架构 B、C 相绝缘子串底部有放电痕迹，绝缘子串上部与架构挂接处有放电痕迹（图 4 - 27），站内其他一次设备检查无异常。

图 4 - 27　28 日事故门型架构放电痕迹

22：52，调度下令合上 145 断路器，试充 110kV - 4 母线，试充成功后恢复 101、111、117 间隔运行。

00：59，调度下令将 115 阳东一线断路器及线路转检修。专业人员登上 115 间隔架构，对 B、C 绝缘子吊串进行检查，发现绝缘子表面有轻微电弧熏黑痕迹，绝缘子本体无裂痕和灼伤点，零值检测合格，对绝缘子串补涂 PRTV。05：16，115 阳东一线送电，站内恢复正常运行方式。

图 4 - 28　29 日事故门型架构放电痕迹

2017 年 10 月 29 日 10：05，阳东二 116 断路器零序一段、接地距离一段保护动作掉闸，C 相故障，110kV - 4 - 5 母差保护动作，110kV - 4 - 5 母线失电。运维人员到站现场检查发现，阳东二线 116 间隔 - 2 隔离开关 C 相导线、4 - 9 电压互感器间隔隔离开关 A 相导线对门型架构有放电痕迹（图 4 - 28），其他一次设备检查无异常。

11：25，市调下令合上 102 断路器，恢复 110kV - 5 母线正常运行方式。

14：51，地调下令将阳东二线 116 断路器及线路转检修。专业人员登上架构，对 116 间隔及 4 - 9 电压互感器间隔进行检查，116 间隔 - 2 隔离开关 C 相导线、4 - 9 电压互感器间隔隔离开关 A 相导线有轻微放电痕迹，不影响运行，相应绝缘子串无放电痕迹。

17：34，某站 110kV - 4 母线恢复送电。

18：51，阳东二线送电，站内恢复正常方式运行。

（3）事故原因分析。事件发生后，运维单位成立一、二次以及外协三个工作组对事件展开调查，对现场设备进行检查及站区周边环境进行勘察，如图 4 - 29 所示。综合各组检查结果，判断本次故障为大风将某站北侧葡萄园的锡箔塑料带吹起，锡箔塑料带飘至线路出口处，引发导线对架构放电，具体如下：

10 月 28 日 19：52，大风将锡箔塑料带吹至 115 阳东一线出口 B、C 相绝缘子吊串处，引发 115 - 4 隔离开关引线 B、C 相对架构放电（4 母线母差保护范围内），造成故障的扩大，引发 110kV - 4 母线失电。

图 4 - 29　站外环境

10 月 29 日 10：05，大风将锡箔塑料带吹至 116 与 4 - 9 电压互感器间隔之间的架构上，引发 116 - 2 隔离开关 C 相单相接地，4 - 9 电压互感器隔离开关 A 相单相接地，导致 110kV - 4 母线失电。以上两处放电后产生的电弧导致附近的空气被击穿，形成导电通道，侵犯 110kV - 5 母线安全距离，导致 110kV - 5 母差保护动作，110kV - 5 母线失电。调取视频监控录像，可见当时放电形成的火球，如图 4 - 30 所示。

图 4 - 30　放电形成的火球

（4）采取的措施。

1）事件发生后，联系属地供电公司，在属地公司的大力支持下，对某变电站北侧葡萄园内的锡箔塑料带以及周边垃圾场进行了清理，确保类似事件不再发生。

2）进一步加强对在运变电站周边环境的隐患排查，发现问题及时通知相关部门进行清理、整治，在大风频发季节，加强变电站特巡工作，发现问题及时上报，确保站区设备安全稳定运行。

2. 母线侧隔离开关拉弧导致母差动作

（1）事故前运行方式。某 500kV 变电站 220kV 侧为双母线双分段接线方式，分段断路器 2244、2255 和母联 2245 甲、2245 乙均在合位，2224 占 4 乙母线运行，如图 4-31 所示。

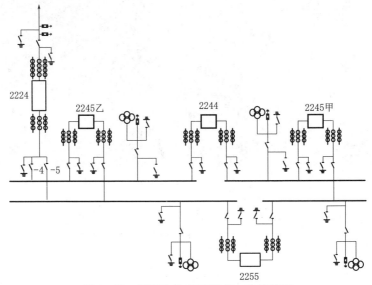

图 4-31　某变电站 220kV 侧一次接线图

（2）事故现象。2016 年 3 月 31 日 00：31，500kV 某站 220kV 乙母线 BP-2B 母差保护动作，220kV 乙母线 RCS-915 母差保护动作。后台机显示分段 2244、母联 2245 乙、母线所带线路、受总断路器全部跳闸。

1）运行检查。00：35，运维人员分别到保护室、一次设备现场进行检查，经检查确认分段 2244、母联 2245 乙以及 4 乙母线上所有断路器跳闸，2224-4 隔离开关三相均在正常分闸位置，外观无明显异常见，如图 4-32 所示。两套母差保护装置的 2224-4 隔离开关位置指示灯熄灭。

2）检修专业检查。01：25，检修专业现场对 2224-4 隔离开关一次部件进行检查，隔离开关本体三相均位于分闸位置，传动连杆已过死点，三相动静触头均有轻微烧伤，如图 4-33 所示。

各传动连杆等部件无异常，操作机构处于分闸位置，各接点及二次元件未发现异常。

3）二次专业检查。

a. 对保护装置进行检查，220kV 乙母线配置 RCS915、BP-2B 两套母差保护，检查母线保护动作情况，见表 4-3。

图 4-32　2224-4 隔离开关本体

图 4-33　2224-4 动触头烧伤情况图

表 4-3　　　　　　　　　　　　　母线保护动作情况表

保 护 型 号	动作相对时间	动 作 情 况
RCS915 母差保护	3ms	变化量差动跳Ⅳ母
	21ms	稳态量差动跳Ⅳ母
BP-2B 母差保护	10ms	差动保护跳Ⅳ母

差动电流二次值约为 70A，满足保护动作条件，母差保护动作正确。

b. 监控系统后台检查。检查监控系统后台操作记录，当日无操作；检查后台机运行状况，未见异常。

c. 2224 测控装置检查。检查 2224 测控装置操作记录，无当日操作记录；检查测控装置遥控接点转换情况，接点传动良好，无黏连或短路；2224 测控装置未见异常。

d. 2224-4 隔离开关操作回路检查。检查 2224-4 隔离开关交流操作回路，用 1000V 绝缘电阻表测量该隔离开关操作回路自 2224 测控屏至 2224 端子箱间电缆绝缘，2224-4 遥控操作回路公共端对地、分闸回路对地、公共端与分闸回路之间绝缘值均为 0。

（3）事故处理。

1）现场对 2224-4 隔离开关三相动静触头进行更换处理，于 31 日 12：00 处理完毕。

2）更换 2224 测控屏至 2224 端子箱间隔离开关遥控操作回路电缆，于 31 日 16：00 处理完毕。

3）上述工作完成后，2224-4 隔离开关试验合格、传动良好。19：34，2224 间隔设备恢复正常运行方式。

（4）事故原因分析。综合以上情况分析，故障原因为 2224 测控屏至 2224 端子箱间隔离开关交流操作回路电缆（图 4-34）绝缘降低，导致遥控分闸回路短路，隔离开关分闸回路导通，2224-4 隔离开关带负荷由合位到分位，造成母差保护动作。

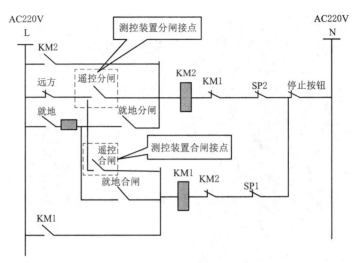

注：KM1为合闸接触器，KM2为分闸接触器，SP1为合闸行程开关，
SP2为分闸行程开关。

图4-34 2224-4操作回路示意图

（5）采取措施。

1）加快老旧隔离开关改造，更换隔离开关控制电缆。

2）运行时间较长的老旧变电站，在未进行电缆更换之前，建议将隔离开关机构箱内的控制电源和电机电源断开。

第五节 站用交直流电源系统常见异常现象及事故处理

直流电源系统的可靠性是保障变电站安全运行的决定条件之一。尽管变电站直流电源十分稳定可靠，但实际应用中，由于控制回路和保护回路的应用，使直流电源系统的故障成为变电站稳定运行的隐患，即常说的直流电源系统接地故障危害。

相对于直流电源系统，交流电源系统应用的范围更加广泛。交流电源系统为变压器冷却器、变电站消防、断路器储能、隔离开关控制和电机、站内照明、直流系统、检修电源箱、动力箱提供电源，一旦出现问题将严重影响变电站安全稳定运行。

一、直流电源系统异常分析

直流电源系统是一个相对独立的电源，它不受发电机、厂用电及系统运行方式的影响，在站用电失去后，直流电源还可作为应急的备用电源。由后备电源（即蓄电池）继续提供直流电源的重要设备包括继电保护装置、自动装置、控制及信号装置和断路器等，同时提供事故照明电源。

变电站直流电源系统如图4-35所示。

1. 直流电源系统故障接地

直流电源系统利用蓄电池储存能量，用充电机补充能量。直流电源系统是对地高阻绝

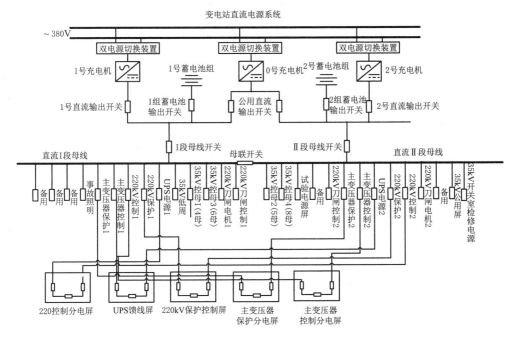

图 4-35 变电站直流电源系统

缘系统。正常运行，直流母线正、负极对地电压平衡。发生一点接地时，正、负极对地电压发生变化，接地极对地电压降低，非接地极电压升高，直流电源为 220V，正常时正、负极对地电压绝对值为 110V 左右。若某一极金属性接地时，该极对地电压降为零，而另一极对地电压绝对值则变为 220V。某一极不完全接地时则该极的对地电压绝对值为 0～110V。直流电源系统分布范围广、外露部分多、电缆多且较长，很容易受外界因素影响，使某些绝缘薄弱元件绝缘降低，甚至绝缘破坏造成直流接地。

直流电源系统故障接地原因包括：

(1) 由下雨天气引起的接地。在大雨天气，雨水渗入未密封严实的户外二次接线盒，使接线端子和外壳导通引起接地。例如瓦斯继电器不装防雨罩，雨水渗入接线盒，当积水淹没接线端子时，就会发生直流接地。在持续的小雨天气，潮湿的空气会使户外电缆芯破损处或者绝缘胶布包扎处的绝缘性能降低，从而引发直流接地。

(2) 由小动物破坏引起的接地。当二次接线盒密封不良时，昆虫会钻进盒里将接线端子和外壳连接起来，就引发直流接地。电缆外皮被老鼠咬破时，也容易引起直流接地。

(3) 由挤压磨损引起接地。当二次线与开关柜门等部件靠在一起时，二次线绝缘皮容易受到转动部件的磨损，造成直流接地。

(4) 接线松动脱落引起接地。接在断路器机构箱端子排的二次线，若螺丝未紧固，则在断路器多次分合发生振动时，接线头容易从端子中滑出，搭在铁件上引起接地。

(5) 拆除电缆芯后处理不当引起接地。在拆除电缆芯时，误认为电缆芯从端子排上解下来就不带电，从而不作任何绝缘包扎，当解下的电缆芯对侧还在运行时，本侧电缆芯一旦接触铁件就引发接地。

（6）插件内元件损坏引起接地。为抗干扰，插件电路设计中通常在正负极和地之间并联抗干扰电容，该电容击穿时引起直流接地。

直流电源系统如果只有一点接地是不会对直流电源系统造成直接危害的，但是必须及时消除故障，否则如果在直流电源系统中再有一点接地，就可能造成对整个电力系统的严重危害。直流接地故障中，危害较大的是两点接地。直流电源系统发生两点接地故障，便可能构成接地短路，造成继电保护、信号、自动装置误动或拒动，或造成直流保险熔断，使保护及自动装置、控制回路短接，不能动作于跳闸，致使越级跳闸。

以断路器分闸回路为例介绍直流电源系统发生两点接地时的危害。

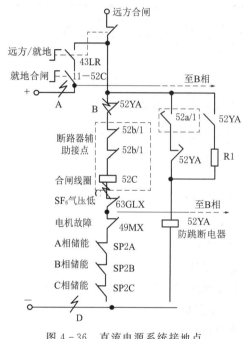

图 4 - 36　直流电源系统接地点

当图 4 - 36 中 A、B 点同时发生接地时，"汇控柜内直流正电—A—B—A 相跳闸线圈—负电"回路形成，若 A—B 过渡电阻很小，使跳闸线圈中流过的电流超过动作电流，将引起断路器误跳闸。当 B、C（D）点同时发生接地时，如果 B、C（D）两点过渡电阻很小，相当于将跳闸线圈短路。此时如果线路故障保护装置动作跳闸，断路器可能出现拒动。

当 C、D 两点同时发生接地，此时断路器 SF_6 闭锁接点被短路，断路器失去 SF_6 压力降低闭锁功能。

直流电源系统接地故障处理的原则是应先判断接地极，利用直流绝缘监测装置测量正、负极对地电压，判明是正极接地还是负极接地，之后按照如下顺序和方法进行故障查找：

（1）结合现场工作情况、天气状况进行初步判断定位，如果二次回路上有工作应立即停止。

（2）直流接地时，可以使用检测仪进行接地回路查找。

（3）对于不太重要的直流负荷及不能转移的支路，利用"瞬时停电"的方法，检查该支路中所带回路有无接地故障，拉路时根据支路负荷重要程度，按照以下原则进行：

1）阴雨天气，重点对室外密封不严的端子箱、隔离开关操作机构箱检查，对无防雨罩的变压器瓦斯继电器等室外直流支路检查。

2）有检修工作的回路或近期工作过的回路。

3）有启停操作过的直流电机及直流控制的交流电机回路。

4）先室外供电支路后室内支路，先不重要支路后重要支路。

5）先简单支路后复杂支路，先备用线路后运行线路。

6）先事故照明、直流动力负荷，再信号回路、合闸电源回路，最后控制回路、保护回路。

7）先低压设备控制回路后高压设备控制回路。

（4）在进行拉路后仍未查出故障点，则应考虑同极性两点接地。

（5）对于重要的直流馈线，用转移负荷法查找该支路上有无接地点，即先合上另一条直流母线馈线开关使直流负荷由两条母线并联供电，再拉开接地直流母线上的馈线开关，将直流负荷从一条母线转移到另一条母线，观察接地是否也随回路转移，以此判断该直流馈线有无接地，如无接地应倒回原来运行方式。

（6）若查找不成功，未找出接地支路，应通知上级有关部门，由专业人员进行查找。

查找接地故障的注意事项：

（1）为防止误判断，观察接地现象是否消失时，应从信号、光字牌和绝缘监察表计指示综合判断。

（2）防止人为造成短路或另一点接地，导致误跳闸。

（3）拆、接端子时应严格按照现场图纸进行，应做好记录和标记，防止错拆、漏接、误接。

（4）使用高阻仪表检查，表计内阻应不低于 $2000\Omega/V$。

（5）查找故障，必须两人及以上进行，防止人身触电，做好安全监护。

（6）注意防止保护误动作，必要时退出可能误动的保护。

2. 直流母线电压过高或者过低

直流母线电压过高时，对长期带电的继电器、指示灯等容易过热和损坏，电压过低时，可能造成断路器保护的动作不可靠。

（1）直流母线电压过高的原因。

1）充电装置充电方式不正确。如充电机长时间运行在"均充"方式会造成直流母线电压过高。

2）浮充电流过大。

3）直流负荷大量减少。

4）直流负荷中带有可四象限运行的电机负载，当电机处于发电机运行状态时，造成反送电使母线电压升高。

5）蓄电池故障，单体电压过高。

（2）直流母线电压过低的原因。

1）充电装置故障，直流输出消失。

2）直流负荷突然增大。

3）蓄电池组损坏。

3. 某一组充电装置交流失电

（1）充电装置交流失电现象。

1）监控系统发出交流电源故障等告警信号。

2）充电装置直流输出电流为零。

3）蓄电池带直流负荷。

（2）处理原则。

1）一路交流断路器跳闸，检查备自投装置及另一路交流电源是否正常。

2）充电装置报交流故障，应检查充电装置交流电源断路器是否正常合闸，进出两侧电压是否正常，不正常时应向电源侧逐级检查并处理，当交流电源断路器进出两侧电压正常、交流接触器可靠动作、触点接触良好，而装置仍报交流故障，则通知检修人员检查处理。

3）交流电源故障较长时间不能恢复时，应尽可能减少直流电源负载输出（如事故照明、UPS、在线监测装置等非一次系统保护电源），并尽可能采取措施恢复交流电源及充电装置的正常运行，联系检修人员尽快处理。

4）当交流电源故障较长时间不能恢复，应调整直流电源系统运行方式，用另一台充电装置带直流负荷。

5）当交流电源故障较长时间不能恢复，使蓄电池组放出容量超过其额定容量的 20%及以上时，在恢复交流电源供电后，应立即手动或自动启动充电装置，按照制造厂说明书或按"恒流限压充电—恒压充电—浮充电"方式对蓄电池组进行补充充电。

4．蓄电池异常处理

蓄电池发生异常时，常伴随以下现象：

（1）蓄电池连接片或接头松动，蓄电池巡检仪发单体电压异常信号。

（2）蓄电池生盐：蓄电池容量降低，蓄电池接线柱有盐析出。

（3）蓄电池渗液。

蓄电池组熔断器熔断后，蓄电池熔断器熔断监视灯灭或蓄电池组空气开关跳闸光字牌亮，直流母线电压波动，蓄电池的浮充电流为零，应立即检查处理，检查确认蓄电池出口保险熔断（或出口空气开关跳闸），判断故障设备并分析原因，设法消除故障，恢复设备运行，并采取相应措施，防止直流母线失电。若无法排除故障，应倒为另一段直流母线供电。

蓄电池发生爆炸、开路时，应迅速将蓄电池总熔断器或空气断路器断开，投入备用设备或采取其他措施及时消除故障，恢复正常运行方式。如无备用蓄电池组，在事故处理期间只能利用充电装置带直流电源系统负荷运行，且充电装置不满足断路器合闸容量要求时，应临时断开合闸回路电源，待事故处理后及时恢复其运行。

蓄电池着火，将故障蓄电池组所带直流母线倒由另一台段直流母线供电，并退出故障蓄电池组及其充电装置；及时通知消防部门，用二氧化碳或四氯化碳灭火，灭火时应戴防毒面具并防止身体直接接触硫酸溶液。

蓄电池发生故障时，应迅速隔离故障蓄电池，调整直流电源系统运行方式或加装备用蓄电池，保证直流电源系统重要负荷运行正常。当变电站两组蓄电池都不能正常运行时，有可能引起继电保护或断路器拒动，此时，系统发生短路故障，可能将造成变电站全站停电。

5．交流串入直流

除了直流接地、直流环网之外，还有一种比较严重的就是交流串直流。正常情况下，直流电源系统和交流电源系统为两个相互独立的系统，直流为不接地系统，而交流为接地系统。交流串直流就是指两个系统发生了电气连接，交流电源系统串入直流电源系统，使直流电源系统接地。通常发生交流串直流会导致断路器直接动作跳闸。

若交流从负极串入直流电源系统，由于交流分量过零，且通过 4－37 中所示的路径流入绝缘监测装置，所以装置检测出"正、负两极同时接地状态"。并且交流电流可以通过电缆对地电容形成回路，引起断路器直接跳闸，即所谓的保护"无故障跳闸"。

若交流从正极流入直流电源系统，如图 4－38 所示，同样的原理，绝缘监测装置检测出"正、负两极同时接地状态"。电缆对地电容加上充电装置铝箔电容，比从负电源串入的容抗值要大一些，故交流从正电源侧串入比从负电源侧串入的无故障跳闸概率要稍低一些。

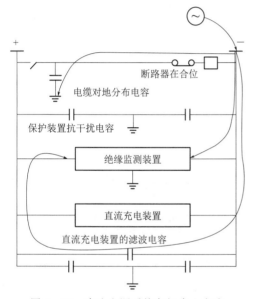
图 4－37　直流电源系统负极串入交流

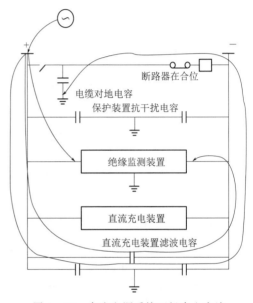
图 4－38　直流电源系统正极串入交流

二、交流电源系统异常分析

交流电源系统是变电站保证安全可靠输送电能的基础环节，可为主变压器提供冷却电源、消防喷淋电源，为断路器提供储能电源，为隔离开关提供操作电源，为直流整流装置提供输入电源，以及为站内提供照明、生活用电和检修临时电源。若失去交流电源系统，则会影响变电所设备的正常运行，甚至引起系统全停和设备损坏事故。

变电站交流电源系统如图 4－39 所示。

1. 站用交流电源消失伴随的现象

（1）正常照明全部或部分失去。

（2）所用负荷，如变压器控制箱、冷却器电源、断路器液压机构电源、隔离开关操作交流电源、加热器回路等分支电源跳闸。

（3）直流整流装置跳闸，事故照明切换。

（4）变电站电源进线跳闸造成全站失压，照明消失。

（5）变压器冷却电源失去，风扇停转。

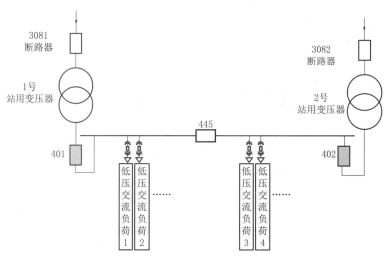

图 4-39　变电站交流电源系统图

2. 站用交流失电的可能原因

（1）站用交流部分电源消失的原因。

1）站用交流电源系统运行时，如果某支路发生过负荷或电缆短路，会使该支路的空气开关跳闸，导致该支路交流电源消失。

2）对于有些从站用交流电源系统不同段母线上取得电源的重要负荷，只有当两段空气开关全部跳闸后，才能使该回路失去电源。

3）变电站电源进线线路故障，或因系统故障电源线路对侧跳闸造成电源中断或本站设备故障，失去电源。

（2）站用交流全部电源消失的原因。

1）一台站用变压器检修，同时另一台站用变压器故障或上级低压母线故障等。

2）站用电回路故障导致站用电失压。

3）系统故障造成全站失压。

3. 交流电源系统故障处置

（1）站用交流部分失电的处理原则。

1）站用交流部分失电，运维人员应先做好人身防护措施，用万用表、绝缘电阻表对失电设备进行检查，查找故障点。若是环路供电，应先检查工作电源跳闸后备用电源是否已正常切换，若未自动切换应手动切换，保证站用负荷正常供电。

2）进一步检查失电分支交流熔断器是否熔断，或自动空气开关是否跳开，可试送电一次，若送电正常，则可判断该分支无明显故障点；若送电不成功，则拉开分支两侧隔离开关，用绝缘电阻表测量分支绝缘，查明故障点，报上级部门检修、处理。

（2）站用交流全部失电的处理原则。

1）汇报相关调度及上级部门。

2）现场检查所用变压器高、低压侧断路器位置是否在分位，检查低压盘电压表无指示。

3）事故照明应立即自动切换成功，若不能，应检查事故照明切换柜是否完好，夜间应尽快恢复主控照明。若事故照明无法恢复，考虑应急灯。

4）实时监视 UPS 是否正常工作、监视蓄电池的工作状态，同时记录时间。

5）如计算机监控失电，安排运维人员在保护小室就地进行监控。

6）现场对主变压器冷却器系统检查。

（3）针对主变冷却器系统的检查、处理原则。

1）检查主变压器每相冷却器控制箱中各空气开关、切换手把在正常投入位置。

2）检查主变压器冷却器控制箱电源空气开关在投入位置。

3）派人就地实时监视主变压器油温，并记录时间。

4）如果是强迫油循环变压器，当主变压器油温未超过 75℃时，允许继续运行，应向调度申请减负荷，但不宜超过 1h；当油温达到 75℃时，应立即汇报调度申请退出（注意冷却器全停 20min，跳闸保护根据实际情况申请退出）。

5）如为自冷变压器，当主变压器油温达到 85℃时，应汇报调度申请减负荷；当油温达到 95℃时，应汇报调度，必要时申请退出。

6）联系相关部门，尽快恢复站用电送电。

7）做好站用变压器送电的倒闸操作准备。

第六节　无功设备常见异常现象及事故处理

电网无功补偿应贯彻"统一规划，分级补偿，就地平衡"的原则，坚持降损与调压相结合，以降损为主；集中与分散相结合，以分散为主；全区平衡与分站平衡相结合的原则。因此在变电站内配置有大量的电容器、电抗器，以期取得最大的综合补偿效益。

一、电容器的异常现象及处置

电力电容器是一种静止的无功补偿设备，其主要作用是向电力系统提供无功电能，提高系统功率因数，起到降低电能损耗、改善电压质量、提高经济效益的作用。

（一）电容器的过热及处置

1. 异常现象

电容器在长期运行过程中，存在过热情况，特别是内部存在若干接头，如每排连接、电容器连接分支，更易出现过热风险。

2. 主要原因

（1）电容器长期过电压或过负荷运行使其发热，加速绝缘老化。

（2）附近的整流元件造成的高次谐波电流影响。

（3）电容器长期运行后介质老化，介质损耗不断增加。

（4）长期运行过程中，连接分支处表面氧化、松脱，接触电阻增大。

3. 异常处理

要根据电容器的不同过热点区别对待。

当发热部位位于母线连接排、电容器引线与连接排连接处等部位时（图4-40），虽然规程规定过热点不允许超过85℃长期运行，但在实际工作中总结，如果最高温度不超过120℃，停电后进行接触面简单处理和螺栓紧固后，即可恢复运行。但若发热部位位于电容器瓷柱绝缘子顶部时（图4-41），若温度超过85℃，由于瓷柱顶部密封胶垫在高温下容易老化变形，若得不到及时处理，极易造成渗漏油或极柱损坏。因为电容器内部绝缘油的燃点在160℃，如果内部油渗出，极易引发出电容器着火事故，如遇此种情况应立即停电处理。

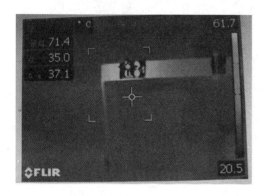

图4-40　母线连接排发热

图4-41　磁柱绝缘子顶部发热

（二）电容器的环境温度异常及处置

1. 异常现象

电容器运行温度是保证电容器安全运行和使用年限的重要条件。运行温度过高可能导致介质击穿强度的降低或介质损耗的迅速增加。若温度继续上升，将破坏热平衡，造成热击穿，影响电容器的寿命。并联电容器一般都是靠自然冷却的，所以周围空气温度对电容器的运行温度有影响。电容器室的环境温度应遵守制造厂家的规定，若厂家无规定，电容器的运行环境温度一般应为-40~40℃。

2. 主要原因

电容器室（柜）设计、安装不合理造成通风条件差，冷却条件不好。

3. 异常处理

为了便于监视运行中的环境温度，应选择散热条件最差处（电容器高度的2/3处）装设温度计，装设位置便于观察。电容器室环境温度超过40℃时，应将其退出运行。为了便于控制温度，部分单位尝试在电容器室安装温湿度综合控制系统，根据采集到的温湿度信息，利用智能装置进行控制，综合投入风机和空调设备，保证电容器运行环境良好。

（三）电容器的运行电压异常及处置

1. 异常现象

因为电容器的功率损耗和发热量与电压值的平方成正比，运行电压的升高，会使电容器的温度显著增加，当过电压太高时，会导致热不平衡，直至电容器损坏。而且在长期高电压下运行，会缩短电容器的使用寿命，如电压增高15%，其寿命缩短32.7%~37.6%。母线电压超过电容器额定电压后，过电压倍数及运行持续时间按表4-4规定执行。

表 4 - 4　　　　　　　　　　电容器过电压倍数及运行持续时间表

过电压倍数	持续时间	说　明
1.05	连续	—
1.10	每 24h 中 8h	—
1.15	每 24h 中 30min	系统电压调整与波动
1.20	5min	轻荷载时电压升高
1.30	1min	

2. 主要原因

（1）电网电压过高。

（2）电容器未根据无功负荷的变化及时退出，造成补偿容量过大。

（3）系统中发生谐振过电压。

3. 异常处置

国产电容器一昼夜中，在最高不超过额定电压的 1.1 倍（瞬时过电压除外）的情况下运行不超过 6h。一般电容器过电压定值设为线电压 $1.2U_N$，超过规定值过电压保护动作跳闸。

（四）电容器的渗漏油异常及处置

1. 异常现象

现阶段变电站内运行的高压电容器均为全密封充油设备，生产工艺不完善或者使用时没有及时维修，很容易出现密封不严的现象。而密封不牢固最常出现的故障就是渗漏油，这会使油箱内部的油质量不纯，绝缘能力大大减弱，其内部元件容易受潮从而导致击穿并使电容器损坏。

2. 主要原因

由于生产工艺的不完善，油箱焊缝和套管处的焊接不牢固，很容易造成油泄漏。套管处螺栓和帽盖的焊接属于低强度式的焊接，施加的力稍微大些就会造成脱落；有的电容器采用硬母线连接的方式，温度变化伴随着受力情况也发生变化，很容易破坏零件之间的连接；另外搬运时操作不合适也会使焊缝开裂，例如直接提套管、运输过程颠簸等。

3. 异常处置

若是由于保养不良，外壳油漆剥落或有腐蚀点，在查出渗、漏油部位后，先清除该部位残留的漆膜和锈点，然后重新涂漆；若是焊缝开裂，渗漏油现象严重时，应及时汇报调度，将设备停运并更换新的电容器。

（五）电容器的外壳异常及处置

1. 异常现象

电容器所有故障中，鼓肚现象属于最为常见的一种。电容器工作时，温度会发生很大的变化，设备内部发生剧烈的物理变化，外壳很容易发生膨胀或收缩，这也属正常现象。但当内部发生局部放电，绝缘油发生化学反应，就会产生大量气体，箱内气压升高，箱壁膨胀变形，形成明显的鼓肚现象。"鼓肚"是局部放电使浸渍剂游离产生大量气体所致，要视之为"爆炸"的预兆。

2. 主要原因

鼓肚现象的发生主要是由于生产工艺不合格，一些内部零件质量差。电容器生产时对工作场地要求严格，个别厂家的生产车间很难达到标准，生产出来的电容器电极边缘、拐角和引线与极板接触处会由于场强和电流过大造成熔丝击穿或过热膨胀。此外，电容器内部介质在电压的作用下发生游离，使介质分解而析出气体，气体使壳内压力增大，引起外壳膨胀，这也是引起外壳变形的原因之一。

3. 异常处理

高压电容器外壳异形膨胀严重时，应立即向调控申请将相应单元 AVC 功能退出，及时将运行状态的单元申请分闸，退出运行，防止发生爆燃或爆炸事故。

二、干式电抗器的异常现象及处置

电力系统中所采用的电抗器有串联电抗器和并联电抗器：串联电抗器一般串接在高压电力电容器或电容器组回路中，其主要作用是抑制高次谐波，减少网络电压波形的畸变，限制电容器在分相投切时的涌流；并联电抗器一般接在主变压器低压侧，用于补偿线路的容性充电功率，有利于限制系统中工频电压的升高和操作过电压，降低超高压系统的绝缘水平。

（一）空心并联电抗器的烧损及处置

1. 异常现象

空心并联电抗器由于结构简单、价格低等优势在国内获得广泛应用。但经过长时间的运行，现场已多次出现局部过热异常而被迫停运处理，甚至烧毁设备的情况，如图 4-42 所示。

2. 主要原因

（1）空心电抗器线圈以常压固化的环氧树脂为外包绝缘，其可耐受电压极其有限，由于线圈对地电容和匝间纵向电容的影响，电压分布不均匀。

图 4-42　电抗器过热

（2）空心电抗器表面喷涂的绝缘材料老化及表面污物沉积。在湿度大的情况下，表面污层会受潮，导致表面泄漏电流增大。在不均匀的电场及潮湿、污秽的作用下，在电抗器表面电位梯度较大的地方，空气局部游离形成电晕和迅速移动的分枝滑闪放电，最后导致烧毁。

（3）空心电抗器绝缘材料的环境适应能力差。在高海拔、盐雾、昼夜温差大等情况下绝缘老化速度加快。

3. 异常处理

（1）定期停电进行检修，使用强力吹风机清理空心电抗器的风道，及时清理掉异物增强其散热效果，同时在并联电抗器"帽子"与本体之间安装防鸟网，避免短路的风险。

（2）进行表面 PRTV 等复涂工作，提升本体憎水性。

（3）一般烧损事件发生在空心电抗器投入初期，通过视频监控等手段加强电抗器投入初期的监视，一旦发生燃烧，立即停电，并站在上风口进行灭火处置，减轻火灾损失。

（4）江浙部分地区规定在雨后 24h 内禁止投切空心电抗器，避免烧损事件的发生。

（二）空心并联电抗器的漏磁干扰及处置

1．异常现象

空心并联电抗器周围漏磁产生的危害相当严重。

（1）对周围的电磁污染，使计算机和通信无法正常运行。

（2）铁磁发热，对钢结构件的建筑物有着严重的危害。

（3）对接地网，遮栏、构架等，都可能因金属体构成闭环造成较严重的漏磁问题，其漏磁最大可感应环流达数百安培。

2．主要原因

由于空心并联电抗器以空气为导磁介质，漏磁是其原理性缺陷。因为漏磁问题，空心并联电抗器只适合户外运行，而户外运行其绝缘受到的威胁又非常大。

3．异常处理

（1）目前对漏磁问题的处理办法不是很多，部分单位采用增加铝制磁屏蔽的方法，但其效果不是很理想。

（2）通过减小外部磁环路降低感应环流。例如在某 500kV 变电站配置的 35kV 电抗器金属遮栏上，为了减少感应环流，在围栏上已经设计有一个断口，但运维人员发现网门锁具存在变形熔断情况。现场测量发现"五防"锁具感应电流为 14.73A，运维人员对锁鼻进行了简单改造，将铁质锁鼻改造为绝缘锁鼻，避免了环流的形成，使问题得以解决，如图 4-43 所示。

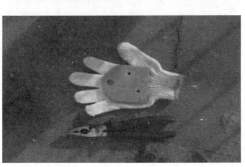

图 4-43　设计断口的"五防"锁具

（三）干式电抗器的声音异常及处置

1. 异常现象

电抗器正常运行时，发出均匀的"嗡嗡"声，如果声音比平时增大或有其他声音都属于声音异常。

2. 主要原因

电抗器运行中由于制造和安装过程中的零件松动、零件断裂等机械原因，结构件和螺栓松动，造成振动变大，发出噪声。其次，运行时由于电气故障原因导致的磁回路有故障，也会使得电抗器运行中振动变大，发出噪声。

3. 异常处理

（1）检查松动零件部位。主要分为防雨罩、支撑底座、绝缘瓷瓶等各连接部分。结构件松动、螺栓松动时，需要对紧固件进行紧固，将基座与本体尽量固定，减少振动的不同步。

（2）消除回路中的绕组引线与汇流排焊接缺陷，处理引线断裂、焊点开焊等故障。查找并消除此类故障时，可以消除电抗器运行中振动变大，发出噪声的现象。

三、无功设备事故及处理原则

（一）无功设备异常处理

（1）电容器有以下异常时应立即退出运行：

1）电容器触头严重发热或外壳测温蜡片熔化。

2）电容器喷油、起火或爆炸。

3）电容器外壳温度超过 55℃或室温超过 40℃，采取降温措施无效时。

4）电容器瓷套管发生严重放电闪络。

5）电容器外壳明显膨胀或有油质流出。

6）三相电流不平衡超过 5%以上。

7）密集型并联电容器压力释放阀动作。

（2）电抗器有以下异常时应立即退出运行：

1）干式电抗器出现沿面放电。

2）绝缘子有明显裂纹或倾斜变形。

3）并联电抗器包封表面有严重开裂现象。

4）接头及包封表面异常过热、冒烟。

（二）异常处理中危险源分析

1. 电容器异常处理危险源分析

（1）检查处理电容器组异常现象时防人身触电的处理方式：检查处理电容器组异常现象时，不得触及电容器外壳或引线，以防止电容器内部绝缘损坏造成外壳带电；若有必要接触电容器，应先拉开断路器及隔离开关，然后验电装设接地线，并对电容器充分放电。

（2）更换单只电容器熔断器时防人身触电的处理方式：在接触电容器前，应戴绝缘手套，用短路线将电容器的两极短接，方可动手拆卸；对双星形接线电容器的中性线及多个电容器的串接线，还应单独放电。

（3）摇测电容器两极对外壳或两极间绝缘电阻时防人身触电的处理方式：由两人进行，测量前用导线将电容器放电；测试完毕后，将电容器上的电荷放尽。

（4）处理电容器着火时防人身触电的处理方式：先将电容器停电后再进行灭火，由于电容器可能有部分电荷未释放，所以应使用绝缘介质的灭火器，并不得接触电容器外壳和引线。

（5）检查处理电容器组异常现象时防电容器爆炸伤人的处理方式：发现电容器内部有异常声响或外壳严重膨胀等异常现象，应立即将电容器停电，停电前不得接近发生异常的电容器组。

（6）由于处理不当造成电容器爆炸的处理方式：

1）并联电容器组断路器跳闸后，不准强送；保护熔丝熔断后，未查明原因前，不准更换熔丝送电。

2）并联电容器组禁止带电荷合闸；电容器组再次合闸时，必须在分闸 5min 之后进行。

3）正常情况下，全站停电操作时，应先拉开电容器断路器，后拉各出线断路器；恢复送电时，顺序相反。

4）事故情况下，全站停电后，必须将电容器的断路器拉开。

2. 电抗器异常处理危险源分析

（1）由于处理不当造成设备损坏的处理方式：按照电抗器异常处理方法将需立即停电的电抗器退出运行。

（2）处理电抗器异常时防人身被烧、烫伤的处理方式：

1）发现电抗器或周围围栏等设备过热时，不得触及设备过热部分。

2）电抗器冒烟或着火，灭火时应做好个人防护措施，必要时报火警。

（3）检查处理电抗器异常时防人身受到伤害的处理方式：发现电抗器有异常声响、放电或支持绝缘子严重破损或位移时，应立即远离故障电抗器，并迅速将其退出运行。

（4）检查处理电抗器异常时防人身触电的处理方式：

1）在电抗器停电并做好安全措施前，不得进入电抗器围栏或接触电抗器外壳。

2）电抗器冒烟或着火，应在断开电源后用干粉、二氧化碳灭火器灭火。

四、无功设备事故及处理实例

2013 年 6 月 14 日，某 220kV 变电站发生 1 起电容器组爆炸起火事故，事故造成 35kV 6 号电容器组三相部分烧毁，由于有防火墙的阻隔，对相邻间隔没有影响。

1. 设备构成

该电容器组由并联电容器组、放电线圈、串联电抗器构成，其中并联电容器组是 2008 年生产，采用单台 BAM12/2 - 334 - 1W 的电容器串并联而成，设备投运时的各项交接试验数据均合格，排除并联电容器组自身问题。

2. 电气一次故障分析

通过现场实地勘察和监控录像分析，发现电容器组 A 相放电线圈与电容器之间的引流线处有明显的引线熔化情况，放电线圈与电容器之间存在明显放电痕迹。

分析得出，由于 A 相出现放电接地，造成 B、C 相电压升高，引起相关元件击穿放电，放电线圈及电容器组瓷柱爆炸，造成电容器着火，形成过电流、过电压，引起保护装置过流 Ⅱ 段保护于 180ms 后启动，673ms 后过流 Ⅱ 段保护动作，断路器动作，故障切除。C 相电容器首端、末端电容器单元爆炸，未造成 C 相中间段的电容器失火爆炸。

3. 故障现场试验测试情况

故障现场于 14—16 日进行了 A、C 相电容器组电容量测试、绝缘电阻测试、A 相串联电抗器直流电阻测试、串联电抗器支撑绝缘子耐压试验、A 相放电线圈变比测试和耐压试验、绝缘电阻测试、避雷器耐压试验、泄漏电流测试、断路器直流电阻试验、保护定值校验等现场故障检修及试验工作，发现 A 相串联电抗器、放电线圈直流电阻不合格。

4. 事故分析

根据现场监控视频和故障录波数据分析得出：6 号电容器组于 6 月 10 日 14 时 30 分带电，经近 104h 运行，由于 A 相放电线圈与电容器之间引流线（额定载流 420A，电容器电流 267.25A）接触松动，引起该处过热开始熔化，14 日 6 时 43 分 58 秒 429 毫秒（主变压器故障录波器时间），引流线熔断引起电弧接地，同时弧光造成放电线圈三级瓷柱发生放电短路，致使放电线圈二次压差输出不为零，此时 B、C 相设备耐受电压为线电压，电容器由于注入能量超出正常的允许范围使其内部元件在高电压的作用下发生元件击穿，击穿后，电容器内部的电流方向发生变化，同时非击穿电容器对击穿电容器放电，形成故障电流，故障相电容量变小，使电容器组三相阻抗不平衡，承受的故障电压更高，能量在短时间内大规模地释放，导致电容器压力释放阀工作，喷油随后致使电容器爆炸起火，电容器大面积损毁。

综上所述，电容器组发生爆炸起火的直接诱因是 A 相放电线圈与电容器之间引流线过热熔断，造成电弧放电使得电容器组承受过电压和大电流，能量短时间集中释放导致电容器喷油，引起大火并发生爆炸。

5. 经验教训和防范措施

（1）加强对变电站内新投无功补偿装置的红外测温工作，尤其是接头处的红外精确测温工作，对同类型设备尤其要加强测温监视，缩短测温周期，在夏季高温大负荷时，要求至少 6h 进行 1 次无功补偿装置的精确红外测温。假设在该电容器组投运后 24h 内由红外精确测温发现该发热点，紧急退出该设备，此次事故完全可以避免。

（2）应该严把新设备投运关，在对出事设备进行试验时，发现 A 相串联电抗器、放电线圈直流电阻不合格，该电容器组投运后的总运行时间并不长，基本排除运行过程对设备造成的影响，故很有可能是投运时该设备的试验数据已经不合格。

（3）加强对无功补偿装置的日常维护，由于新能源上网及用户负荷质量原因会产生谐波。当系统中含有较为明显的谐波源时，在电容器组接入电网后，由于并联电容器对谐波电流的放大作用，将通过很大的谐波电流，使其损耗增加，从而引起电容器发热和温升，加速老化，极容易使电容器击穿引起相间短路。

第七节 二次设备常见异常现象及处理

一次设备在长期运行的过程中会出现异常或故障，二次系统和设备也不例外。由于二次系统中微机保护及各种智能装置的软件系统的不断改进，自检发现异常和纠错的能力不断加强，为运维人员和二次检修人员处理异常赢得了时间。

一、二次设备运行的特点

1. 继电保护和自动装置的"四怕"

继电保护和自动装置属弱电控制设备，与高压一次设备相比，其耐受环境温度变化的能力差许多，所以需置于环境较好的主控室、保护室内。总结多年的运行经验，继电保护和自动装置有"四怕"：一怕水，因为水可以造成保护装置内部接线的短路或接地，引起装置的拒动或误动；二怕热，无论是环境温度高还是装置自身发热都会造成装置的绝缘老化，电子元器件老化还会导致零点漂移增大，造成保护装置的误动或拒动，因此要求主控室和保护室内安装空调，且空调设定温度不宜与室外温度相差过大，以防结露；三怕振，振动易引起传统的电磁型保护和保护出口的中间继电器误动而使断路器跳闸；四怕干扰，这一点对于微机型保护和自动装置尤为重要，因为手机、对讲机等无线通信设备在工作中会产生强烈电磁波，容易引起微机保护中的运算程序错乱，造成保护装置的误动和拒动，因此要求在装有微机型保护装置、监控装置的室内和临近的电缆层内不得使用无线通信设备。

2. 微机型继电保护装置的自检与复位

变电站安装的微机型继电保护装置随高压设备一起不间断运行，无论电力系统中是否存在故障，微机型继电保护装置都在不停地进行着各种数据的采集、传送、计算和判别。在这个过程中，一旦装置的某个元件发生故障，则计算和判别的结果也会出现异常，故可以依此为微机型继电保护装置设置一个自检程序，只要 CPU 运行到某一特定的程序点，就自动运行自检程序，自动检测装置各主要元件的运行状况，一旦查出错误，立即闭锁相应原理的保护并发出报警信号，打印故障信息。

在实际运行中，微机型保护和自动装置会由于各种难以预测的原因导致 CPU 系统工作偏离正常程序设计的轨道或进入某个死循环中，但由于这是软件问题不是硬件故障，多数自检不能发现。而看门狗程序可发现软件异常并及时将 CPU 系统的硬件或软件进行强制复位，拉回正常运行轨道。

二、二次设备防误动的措施

1. 继电保护装置的动作过程

简单继电保护装置的动作过程是：只要从保护的电压和电流回路传递过来的电压量或电流量达到或超过了定值，保护装置就动作，并向相应的断路器发出跳闸命令。较复杂继电保护和自动装置的动作过程大体上可分为三个阶段：第一阶段启动，正常运行时保护装置的出口回路是被"启动元件"闭锁的，启动元件开放闭锁的条件一般较为宽松，如用过流单元作启动元件，用零序元件作启动元件，简而言之，就是选择一种只有在系统有故障（不一定在保护范围内）状态下才会有的特征作为启动元件的启动条件。第二阶段判断，启动元件满足启动条件后，保护装置的"主回路"要进行判断，此时判断的标准就是保护装置的"定值"。如从电压回路、电流回路中传来的电压、电流或它们的计算值达不到"定值"，保护装置就不会动作，启动元件在启动特征消失后也会自动返回。如这些值达到"定值"的限度，则保护装置就进入发跳闸命令的最后一个阶段"闭锁"。闭锁就是在满足了定值要求，去发跳闸命令之前对一些附加条件进行判断，如果这些附加条件也能满足，则保护装置立即发信号跳闸。

应提起注意的是，这三个阶段在时间上是同时进行的，也几乎同时得出结果，只不过在逻辑上，第二阶段是要求"跳闸"，第一、三阶段是反对"跳闸"。在灵敏程度上，第一阶段最灵敏，系统中有小的异常时，通常只有启动元件动作，故习惯把它称为第一阶段。在系统上常能发现"保护装置启动""保护呼唤""母差电压开放"等预告信号，实际上这些都是保护装置的启动元件启动，反映了整个系统中存在的某些异常（多数不是本保护范围内的故障）。

对于复杂保护装置，"三阶段"的作用是明显的。第一，可有效防止人为误碰和直流接地造成的保护误动。因为只要系统中没有异常，保护装置的启动元件就不会启动，即便是主回路判断误碰和直流接地引发的故障，但由于跳闸回路未开放，保护装置也不会动作。第二，区分故障和异常，尽可能地保障系统连续运行。某些情况下系统故障和异常的现象极为相似，但多数异常的情况下不一定要求马上跳闸，可允许坚持运行一段时间。装设闭锁回路能有针对性地判断是故障还是异常，从而避免了不必要的停电。

2. 电流回路断线闭锁

接入母差保护的电流二次回路发生断线故障，在实际运行中是较常发生的。母差保护误动，后果非常严重，会对整个电网的安全运行造成影响。为防止母差保护出现上述故障而误动，在 20 世纪 70 年代后期，已经开始为母差保护装置安装电流回路断线闭锁装置。在每一个接入母差保护的电流二次回路中都装有一个监视继电器，一旦这个回路断线失压，此电压监视继电器会抢先于整个母差保护装置动作，闭锁母差的跳闸回路，防止母差误动。

3. 复合电压闭锁

与电流回路断线闭锁类似，复合电压闭锁是为了防止母差差流继电器失灵或人为误碰造成母差保护误动而对电力系统造成的影响。复合电压闭锁装置接于母差跳闸回路出口前，起到闭锁跳闸回路的作用。所谓复合电压闭锁元件通常由低电压继电器和零序过电压继电器构成。只有当母差电流差动继电器动作且复合电压闭锁元件也判断母线上存在故障之后，整个母差保护才会动作于跳闸。增加复合电压闭锁装置等于为母差保护增加了一重保险。

4. 自投中的有流闭锁功能

常规自投保护装置动作需要如下条件：

（1）确定原工作母线确无电压。检测无压的过程是靠低电压继电器完成的。低电压继电器应能在所接母线失压后可靠动作,而在故障切除后可靠返回,为了缩小低电压继电器的动作范围,继电器的定值应整定得较低,一般为 0.15～0.3 倍的额定电压。

(2) 检测备用电源有电:鉴定有电的过程是靠有压检测元件完成的。有压检测元件要求在所接母线(线路)电压正常时可靠动作,无电压(停运)或电压剧烈变动(故障)时不允许自投装置动作而可靠返回。其电压定值一般为 0.6～0.7 倍的额定电压。

(3) 启动时间继电器,延时后投入备用电源。低电压继电器动作后,延时跳开工作电源进线断路器。延时的时限应大于本级线路电源侧后备保护的动作时间与线路重合闸时间之和。在确定工作电源断路器已跳开后,再合上备用电源的断路器。备用电源投入的过程一般无延时,但如需联切部分负荷,可有 0.1～0.5s 的时限。

随着系统的不断完善,为了防止由于人员误碰导致备自投装置电压输入小开关或装置电压采样板故障从而误判运行母线无压,进而造成备自投装置误动作的情况,在上述 3 个条件的基础上,判断某段母线无压的同时增加了该段母线受总无流的判据(即电流小于定值)。但在实际运行中,某 220kV 变电站曾经发现过低压侧备自投误动作的情况。自投误动作前,系统运行方式如图 4-44 所示,301、302 在合闸位置,345 备自投投入。调控通知变电运维人员,345 备自投保护动作,301 跳闸,345 自投动作。运维人员到站检查一次设备无故障,初步判断为保护误动作。保护人员到站检查发现该备自投交流采样板故障,造成误判母线失压,同时由于母线负荷电流小于定值,有流闭锁条件未能有效闭锁,从而造成设备误动的情况。

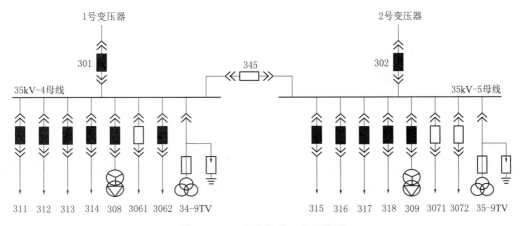

图 4-44 35kV 部分一次接线图

三、二次设备的常见异常及处理

(一) 电压、电流输入回路异常及处理

1. 异常现象

监控系统发出"保护装置告警或闭锁""电压回路断线"等光字信号,且不能复归。

(1) 回路仪表或监控系统遥测量无指示或表计指示降低。

(2) 二次设备、回路有放电、冒火现象,严重时击穿绝缘。

（3）电流互感器运行声音异常，振动大。

（4）保护发生误动或拒动。

（5）电压二次开关跳开。

（6）保护装置发出"电流回路断线""装置异常"等光字信号。

2. 可能的原因

（1）电流回路端子松脱，造成开路。

（2）二次设备内部损坏造成电流回路开路。

（3）电流互感器内部线圈开路。

（4）电流压板不紧，导致开路。

（5）接线盒、端子箱受潮进水锈蚀或接触不良、发热烧断造成开路。

（6）异物、污秽、潮湿或小动物造成电压回路短路跳闸。

3. 异常处理

（1）查找或发现电流回路断线情况，应按要求穿好绝缘鞋、戴好绝缘手套，并配好绝缘封线。

（2）分清故障回路，汇报调度，停用可能受影响的保护，防止保护误动。

（3）查找电流回路断线可以从电流互感器本体开始，按回路逐个环节进行检查，若是本体有明显异常，应汇报调度，申请转移负荷，停电进行检修。

（4）若本体无明显异常，应对端子、元件逐个检查。若出现火花或发现开路点，应及时汇报。

（5）不能自行处理的，应汇报调度，等待专业人员处理。

（6）电压回路空气开关跳闸，如果经过检查未发现明显的故障点，可以试合一次。

（二）二次设备元器件异常及处理

1. 异常现象

（1）监控系统发出"保护装置故障""保护电源消失""控制回路断线""直流消失"等光字信号，且不能复归。

（2）继电保护装置显示屏频繁闪烁、冒烟、声音异常等；长时间无操作的情况下保护显示屏应处于熄灭状态，如果显示屏点亮，装置则可能存在异常。

1）微机保护装置自检报警。

2）重合闸、备自投指示灯显示未充电。

3）正常运行或系统冲击时发生断路器拒动或误动作。

2. 可能的原因

（1）保护装置质量不良，显示屏故障、电源板件异常等。

（2）回路断线，电压互感器二次保险熔断或交流电压回路断线，电流互感器二次回路开路，直流熔断器熔断。

（3）重合闸、备自投功能板故障。

（4）保护电源失电，控制回路断线。

（5）装置误动作，保护整定不匹配，误动、误碰及保护装置内部元件损坏等。

3. 异常处理

(1) 查明是哪个设备哪套保护装置故障或发生异常现象。

(2) 申请停用该保护及其独立的失灵启动回路。

(3) 对保护外观、端子等进行检查，判明故障原因和可能范围。

(4) 若是控制电源断线，应对相关回路，特别是指示灯回路、端子排进行检查，检查端子有无松脱不牢，指示灯有无烧损（烧损造成控制空气开关跳闸多有发生）并进行处理。

(5) 若是保护内部继电器或元件有故障，或上述现象查找不到原因及无法处理，应报上级及专业人员处理。

(6) 保护误动时，应汇报调度将该保护停用，报专业人员处理。

（三）二次设备通信异常异常及处理

1. 异常现象

(1) 监控系统发出"保护装置通信中断""测控装置 A 网中断"等光字信号，且不能复归。

(2) 监控系统后台机画面电压、电流不刷新，位置不对应。

(3) "五防"模拟正确后，信息传动失败，无法向监控系统发送解锁命令。

(4) 遥控操作预置失败。

2. 可能的原因

(1) 保护、监控等二次设备或装置死机。

(2) 交换机崩溃或死机。

(3) 微机防误闭锁主机或钥匙适配器死机。

(4) 串口或以太网接口松动或通信线损坏。

(5) 通信主机板或网卡损坏。

3. 异常处理

(1) 重新启动二次设备或装置，如果一次设备只有单套保护，应申请将一次设备停电才能够重启保护装置，避免造成越级跳闸事故。为了防止自动装置误跳设备，必要时应将出口压板打开。

(2) 检测通信异常装置通信链路是否正常，检查交换机及网卡是否正常工作，如果异常可以重新启动该装置。

(3) 后台监控死机后分别按以下方法处理：如果操作系统正常，只是软件异常，可以退出该软件后重新加载启动或通过操作系统的重新启动功能完成重新启动。

(4) 部分智能板件安装于计算机机箱内，与计算机共用电源模块。此类设备通信异常时不能通过系统软件重启，而应采用关机后再按电源的方式实现重启。

(5) 重新插接网线或通信线插头，以太网线或同轴电缆可以使用专用测试仪器检查是否完好。

（四）断路器变位、测控位置未上送的异常及处理实例

1. 异常现象

2016 年 1 月 27 日凌晨，某 220kV 变电站 114 线路永久性故障，线路保护跳闸后，重合闸动作，重合不成功，断路器三相分位，保护动作正确。但是此期间，断路器合位未上送至监控后台和调控中心。

2. 原因分析

114 单元采用国电南自 PSL－621D 型线路保护。线路测控采用南京南瑞科技公司 NSD500 测控装置，遥信变位防抖时间设置为 200ms。断路器常开辅助触点接入 NSD500 测控装置，经站内网络上传至后台和调控中心。故障录波器波形可以显示，线路永久性故障，线路保护正确动作，断路器跳闸后重合，而重合于永久故障，断路器加速跳闸。通过分析得知，在断路器合分闸过程中，由于断路器合位到分位的时间小于测控装置遥信变位防抖时间 200ms，导致无法采集到断路器合位。

3. 异常处理

实际断路器跳—合—跳过程中，断路器至少应保持足够的合位时间，后台和调控中心才能收到 SOE 报文及断路器合位变位，将防抖时间设置为 60ms，问题得到解决。

（五）二次端子箱进水事故处置流程实例

1. 异常现象

2018 年 7 月 30 日 13 时，雷雨交加并伴随着狂风，220kV 某站 2211 线路汇控箱顶部封盖被大风掀开掉落（顶部螺栓缺失，靠自重固定），雨水从顶部灌入。该线路为双母线接线室外 GIS 设备，单元内所有隔离开关、接地开关均为电动操作机构，异常发生前运行于－4 母线，2245 断路器合入，两条母线合环运行，220kV 配置 BP－2C 和 RCS－915 母线保护装置。监控系统记录信息如下：

13 时 13 分 06 秒 797 毫秒 2211 SF_6 压力降低告警动作

13 时 13 分 07 秒 568 毫秒 2211－4 隔离开关分位（合位）

上述两个信号自 13 分开始频繁发出，两名运维人员到现场检查发现汇控柜顶盖被掀开，雨水大量涌入，并沿端子排和二次设备元件流淌，此时主控室汇报监控发出如下信息：

13 时 21 分 07 秒 799 毫秒 2211 SF_6 压力降低闭锁分闸

13 时 21 分 07 秒 801 毫秒 2211 断路器控制回路断线

13 时 23 分 09 秒 805 毫秒 2211－4 隔离开关合位

13 时 23 分 09 秒 875 毫秒 2211－5 隔离开关合位

13 时 23 分 10 秒 235 毫秒 RCS－915 母差保护互联

2. 现场处置

运维人员发现顶盖被风掀开后，迅速将顶盖重新盖上，防止雨水继续进入，减缓元件受水侵袭的速度。

在主控汇报发出闭锁信号后，发现汇控柜内继电器等元件存在打火现象并伴随继电器切换声音，考虑断路器已经闭锁，此时运维人员迅速断开汇控柜内所有隔离开关、接地开关电机电源和控制电源小开关，防止隔离开关、接地开关误动造成事故扩大。

到保护小室检查 RCS－915 母差保护"隔离开关模拟盘"－4－5 灯点亮，"互联"灯点亮，经与保护人员沟通后，迅速将隔离开关模拟盘 2211－5 隔离开关小手把打到"强分"位置，使"隔离开关模拟盘"状态与实际运行方式相符，恢复母差正常方式，确保恶劣天气下母差保护的正常运行。

（六）保护重合闸动作是否成功汇报实例

以 500kV 变电站线路跳闸重合成功后 1s 后再次跳闸，运维人员误汇报为重合闸不成功的案例，用以区分线路保护动作重合闸不成功还是成功后再次跳闸的情况。

1. 异常现象

2017 年 5 月 30 日 11 时 13 分 500kV 某线路跳闸，该线路为 3/2 接线方式，线路所在间隔为完整串，线路断路器为 5012、5013，重合闸方式为单相重合闸，5012 重合闸时间为 0.8s，5013 为 1.2s。监控系统记录信息如下：

11 时 13 分 07 秒 797 毫秒 ××× 线 CSC - 101A 距离保护动作

11 时 13 分 07 秒 799 毫秒 ××× 线 CSC - 103A 纵联差动保护动作

11 时 13 分 07 秒 805 毫秒 ××× 线 P546 纵联差动保护动作

11 时 13 分 07 秒 823 毫秒 5012 断路器 C 相分位动作

11 时 13 分 07 秒 824 毫秒 5013 断路器 C 相分位动作

11 时 13 分 07 秒 825 毫秒 5012 断路器保护跳闸动作

11 时 13 分 07 秒 827 毫秒 5013 断路器保护跳闸动作

11 时 13 分 07 秒 907 毫秒 ××× 线 P546 纵联差动保护动作复归

11 时 13 分 09 秒 77 毫秒 5012 重合闸动作

11 时 13 分 09 秒 155 毫秒 5012 断路器 C 相合位动作

11 时 13 分 09 秒 485 毫秒 5013 重合闸动作

11 时 13 分 09 秒 596 毫秒 5013 断路器 C 相合位动作

11 时 13 分 10 秒 26 毫秒 ××× 线 P546 纵联差动保护动作

11 时 13 分 10 秒 55 毫秒 5012 断路器分位动作（三相）

11 时 13 分 10 秒 55 毫秒 5013 断路器分位动作（三相）

11 时 13 分 10 秒 129 毫秒 ××× 线 P546 纵联差动保护动作复归

2. 汇报情况

变电运维人员查看此报文，现场检查 5012、5013 断路器三相均为分闸位置，一、二次设备无异常。依据汇报流程向调度汇报："××× 线路差动保护动作，5012、5013 断路器 C 跳闸，重合闸动作，重合不成功"。调度人员反复确认，运维人员最终汇报为"重合不成功"，造成汇报不准确的问题。该故障跳闸实际的动作行为是："××× 线路差动保护动作，5012、5013 断路器 C 跳闸，单相重合闸动作成功，合闸后 1s 再次跳闸"。

3. 错误原因分析

运维人员在此次汇报过程中忽略了两个问题：一是 3/2 接线设备设有重合闸时，两台断路器的重合闸定值不同（即所谓先合中断路器还是先合边断路器的问题），重合闸动作先合入的断路器如果合闸不成功会闭锁另一台断路器合入；二是重合闸充电需要 20～40s 的延时，第一次跳闸重合闸成功，第二次跳闸后重合闸充电未完成不会重合。

第五章
工作现场安全防控

安全生产关系到电力企业的前途和命运，是企业生存和发展的基石，影响着企业本身的内外形象。安全防控涉及"人防"和"技防"等多方面的措施，本章从变电站安全措施管控，检修作业现场"口袋式"临时安全措施的设置与实施，总、分工作票的制度建立与实施，变电站危险源可视化辨识及实例等四个方面进行了阐述。

第一节　变电站安全措施管控

一、工作许可

1. 计划检修工作的工作票按时送到现场

（1）第一种工作票应在工作前一日预先送达运维人员，可直接送达或通过传真、局域网传送，但传真的工作票许可应待正式工作票到达后履行。

（2）临时工作可在工作开始前直接交给工作许可人。

（3）第二种工作票和带电作业工作票可在进行工作的当天预先交给工作许可人。

2. 工作票所列安全措施要符合现场条件且满足现场安全工作要求

（1）工作许可人负责审查工作票所列安全措施是否正确完备，是否符合现场条件，不完善时予以补充，还要防止检修设备突然来电。

（2）对工作票所列内容即使产生很小疑问，也应向工作票签发人询问清楚，必要时应要求作详细补充。

3. 持票进入现场工作

（1）在电气设备上的工作应填用工作票或事故应急抢修单。

（2）作业人员到达变电站后，由工作负责人办理工作票。

（3）工作许可前，除工作负责人以外的其他人员、车辆和施工机械、器材应停留或停放在设备区以外。

（4）工作许可后，工作班成员在工作负责人的带领下，列队进入指定的工作现场。

4. 临时工进入设备区

（1）临时工上岗前、必须经过安全生产知识和安全规程的培训，考试合格后，取得安全监察部发放的"工作许可证"后，方能进入指定的生产区域进行工作。

（2）临时工不按规定着装，不按照规定正确佩戴安全帽，不许进入工作现场。

（3）临时工从事工作时，必须在有经验的职工带领和监护下进行，并做好安全措施。

（4）临时工进入高压带电场所作业，必须在工作场所设立围栏和警示标志，向临时工交代清楚带电区域、工作范围，并要求临时工复述，复述正确签字后方可开始工作。严禁在没有监护的条件下指派临时工单独在运行设备区工作或从事有危险的工作。

5. 外来施工队伍进入运行设备区（上）工作

（1）安全监察部必须严格审查外来施工队伍资质并签订安全协议书。不具备电气施工资格时，应安排设备维护部门的工作负责人办理工作票手续。

（2）电力系统内部的施工队伍，出具本单位安全监察部下发的工作负责人文件后，可以办理工作票手续，但工作范围触及已运行的设备时，必须由公司设备维护部门的工作负责人办理工作票手续。

6. 工作许可人严把许可关

（1）运维人员收到工作票应与停电计划核对工作任务和要求的安全措施是否相符。

（2）认真审核工作票，运维人员负责审查工作票所列安全措施是否正确、完备，是否符合现场条件；工作现场布置的安全措施是否完善，必要时予以补充；负责检查检修设备有无突然来电的危险；对工作票所列内容即使有很小的疑问，也必须向工作票签发人询问清楚，必要时应要求作详细补充。

（3）严格执行现场许可制度，保证工作票工作任务与实际工作内容相符，防止扩大工作任务，现场安全措施及带电部位交代不清晰，造成人员误入带电间隔；会同工作负责人到现场再次检查所做的安全措施，对具体的设备指明实际的隔离措施，证明检修设备确无电压；指明编号和设备，介绍工作中的安全措施、停电范围、安全通道等；向工作负责人指明带电设备的位置和工作过程中的注意事项。

（4）工作负责人可根据现场实际情况提出对现场安全措施的补充，运维人员在安全措施范围内应积极予以配合。

（5）确认无误后工作许可人和工作负责人在工作票上分别确认、签名。

二、工作间断、转移和终结

（1）到现场检查后方可终结工作票。

1）工作负责人确认工作班成员已经全部离开设备区后，会同运维人员到现场讲清工作项目、发现问题、处理或试验结果、存在的问题等。

2）与运维人员共同检查设备状况、有无遗留物品、场地是否清洁等。

3）确认现场无问题后，填写有关检修试验记录，双方在有关记录上签字；然后在工作票上的终结栏填明工作终结时间、签字，工作票方告终结。

（2）工作人员需全部退出现场方可办理终结手续。

1）检修工作全部完毕后，工作班应清扫、整理现场。工作负责人应先周密地检查，待全体工作人员撤离工作地点后，向工作许可人办理工作票终结手续。

2）禁止以传话、带信的方式清点人数，以防止工作未完，人员没有全部撤离工作现场，误办终结手续，送电伤人。

（3）办理工作终结手续后，禁止工作人员又上设备、杆塔。

1）办理工作终结前，工作负责人对被检修设备进行详细检查确保无遗留问题，方可办理终结手续。

2）办理工作终结前，工作人员认真清理现场工具、器材、仪表，并搬出设备区，方可办理工作票终结手续。

3）工作终结前全体人员退出设备区，运维人员封闭设备区道路、大门。办理终结后任何人不得登上设备、杆塔。

三、工作现场人员行为规范

（1）工作人员禁止擅自扩大工作范围或移动现场安全措施。

1）工作负责人、工作许可人任何一方不得擅自变更安全措施，工作中如有特殊情况需要变更时，应先取得对方的同意并及时恢复。

2）变更情况及时记录在运行日志内。

（2）运维人员禁止擅自变更有关检修设备的运行、接线方式。

1）现场有检修工作时，运维人员严禁变更有关设备的运行接线方式；若调度下令调整运行方式，运维人员应先审核方式变更对检修工作是否有影响，若有影响应向调度说明；若无影响，应向现场工作负责人交代方式变更情况。

2）工作负责人、工作许可人任何一方不得擅自变更安全措施，工作中如有特殊需要变更时，应先取得对方同意并及时恢复。变更情况及时记录在运行日志内。

（3）保护二次回路上有工作，必须采取防止运行设备跳闸的措施。

1）在二次回路上工作，办理工作票后方可开工，二次专业工作负责人如有必要还须制定二次安全措施票。

2）必要时申请停用有关保护装置或安全自动装置。

3）在二次回路上工作，必须考虑对公用电压互感器回路、母差回路、失灵回路等影响，采用必要的安全措施，并做好拆、接线记录。

（4）在户外设备区和高压室内禁止竖直搬动梯子、管子等长物。

1）在户外设备区和高压室内搬动梯子、管子等长物，应两人放倒搬运，并与带电设备保持足够的安全离。

2）在设备区运输或移动设备、工器具、其他物品超过安全距离时，必须严格执行《电力安全工作规程》中的有关规定、办理停电许可手续；工作中要注意与带电设备的安全距离，包括与围栏外带电设备的安全距离。

（5）金属梯子或金属检修平台禁止进入带电生产现场。金属梯子或金属检修平台严禁进入高压设备区或工作现场，高压设备区内的工作，使用梯子等登高工具或工作平台时，必须采用绝缘工具，如绝缘梯。

（6）在带电的设备周围禁止使用钢卷尺、皮尺和线尺（夹有金属丝者）进行测量工作。

1）严禁在带电的设备周围使用钢卷尺、皮尺和线尺（夹有金属丝者）进行测量工作。

2）设备停电后方可使用钢尺、皮尺和线尺（夹有金属丝者）进行测量。

（7）高空作业，禁止上下抛掷物件。

1）高处作业应使用工具袋。

2）较大的工具应固定在牢固的构件上，严禁乱摆乱放。

3）上下传递物件应用绳索拴牢传递，严禁上下抛掷。

（8）高空作业不按规定正确使用安全带，造成高空坠落。

1）凡在坠落高度基准面 2m 及以上的高度进行的作业，须正确使用安全带、戴安全帽，安全带的长度及系的位置必须合适。

2）安全带和专用固定安全带的绳索在使用前应进行外观检查，并定期抽查检验，不合格的严禁使用。

3）安全带的挂钩或绳子应挂在牢固的构件上或专为挂安全带用的钢架或钢丝绳上，并应采用高挂低用的方式。禁止挂在移动或不牢固的物件上（如隔离开关、电压互感器、避雷器、母线设备支持绝缘子等）。没有脚手架或者在没有栏杆的脚手架上工作，高度超过 1.5m 时，应使用安全带或采取其他可靠的安全措施。

4）按规定使用梯子，登高前应检查登高工具，梯子要有专人扶持。

5）穿防滑性能良好的软底鞋。

6）设专人监护。

四、安全工具管理及使用

1. 安全工器具管理规范概要

（1）安全工器具应统一分类编号，定置管理。

（2）变电站应建立安全工器具管理台账，做到账、卡、物相符，试验报告、检查记录齐全。

（3）安全工器具应设专人保管，保管人应定期进行日常检查、维护、保养。安全工器具实行"一物一标签（标牌）"制，发现不合格、超试验周期和没有标签的应另外存放，标出"严禁使用"标志，停止使用，安全工器具严禁挪用。

（4）试验单位应在安全工器具试验标签上明确试验结论。

（5）合格与不合格两种安全工器具要分开放置，严禁混放；不合格的安全工器具交回安全监察部，严禁使用。

（6）班站每月对安全工器具全面检查一次，并将检查情况做好记录。

2. 安全工器具试验标签管理

（1）试验完毕后，试验人员应该及时出具试验报告，用不干胶或挂牌制成标志牌，贴在合格的安全工器具上不妨碍绝缘性能且醒目的部位。

（2）专人定期检查，发现试验标签脱落时应及时粘贴。

（3）使用中的安全工器具"试验合格证"标签必须齐全，做到妥善保管，避免受潮和损坏。

3. 安全工器具保管与存放要点

（1）安全工器具的保管与存放必须满足国家和行业标准及产品说明书要求。

（2）绝缘安全工器具应存放在 $-15\sim35℃$、相对湿度 $5\%\sim80\%$ 的干燥通风的工具柜内。

（3）防毒面具应存放在干燥、通风，无酸、碱、溶剂等物质的库房内，严禁重压。防毒面具的滤毒罐（盒）的储存期为 5 年（3 年）。

（4）空气呼吸器在储存时应装入包装箱内，避免长时间曝晒，不能与油、酸、碱或其他有害物质共同储存，严禁重压。

（5）绝缘杆应架在支架上或悬挂起来，且不得贴墙放置。

（6）绝缘隔板应放置在干燥通风的地方或垂直放在专用的支架上。

（7）绝缘罩使用后应擦拭干净，装入包装袋内，放置于清洁、干燥通风的架子或专用柜内。

（8）验电器应存放在防潮盒或绝缘安全工器具存放柜内，置于通风干燥处。

（9）橡胶类绝缘安全工器具应存放在封闭的柜内或支架上，上面禁止堆压任何物件，禁止接触酸、碱、油品、化学药品或在太阳下曝晒，并应保持干燥、清洁。

4. 常用安全工器具使用方法要点

（1）应定期统一组织电力安全工器具的使用方法培训。

（2）安全工器具的使用应符合《电力安全工作规程》等规程和产品使用要求。

（3）安全工器具使用前应进行外观检查；尤其常用安全工器具要认真检查，注意试验日期是否超期、地线有无断股、工具有无损坏等。

（4）使用安全帽前应进行外观检查，检查安全帽的帽壳、帽箍、顶衬、下颚带、后扣（或帽箍扣）等组件，应完好无损，帽壳与顶衬缓冲空间为 25～50mm。安全帽戴好后，应将后扣拧到合适位置（或将帽箍扣调整到合适的位置），锁好下颚带，防止工作中前倾后仰或其他原因造成滑落。

（5）对安全工器具的机械、绝缘性能发生疑问时，应进行试验，合格后方可使用。

（6）绝缘手套使用前应进行外观检查，如发现有发黏、裂纹、破口（漏气）、气泡、发脆等损坏时，禁止使用。使用绝缘手套时应将上衣袖口套入手套筒口内。

（7）使用绝缘杆前，应检查绝缘杆的堵头，如发现破损，应禁止使用。使用绝缘杆时，人体应与带电设备保持足够的安全距离，并注意防止绝缘杆被人体或设备短接，以保持有效的绝缘长度。雨天在户外操作电气设备时，操作杆的绝缘部分应有防雨罩。罩的上口应与绝缘部分紧密结合，无渗漏现象。

（8）绝缘隔板只允许在 35kV 及以下电压的电气设备上使用，并应有足够的绝缘和机械强度。用于 10kV 电压等级时，绝缘隔板的厚度不应小于 3mm；用于 35kV 电压等级时，不应小于 4mm。绝缘隔板和绝缘罩使用前表面应洁净、端面不得有分层或开裂。现场带电安放绝缘挡板及绝缘罩时，应戴绝缘手套。绝缘隔板在放置和使用中要防止脱落，必要时可用绝缘绳索将其固定。

（9）绝缘靴使用前应检查，不得有外伤，无裂纹、漏洞、气泡、毛刺、划痕等缺陷，如发现有以上缺陷，应立即停止使用并及时更换。使用绝缘靴时，应将裤管套入靴筒内，并要避免接触尖锐的物体、高温或腐蚀性物质，防止受到损伤。严禁将绝缘靴挪用。

（10）使用防毒面具时，空气中氧气浓度不得低于 18%，温度为 −30～45℃。使用者应根据其面型尺寸选配适宜的面罩号码。使用前应检查面具的完整性和气密性，面罩密合框应与佩戴者颜面密合，无明显压痛感。使用中应注意有无泄漏和滤毒罐失效的情况。防毒面具的过滤剂有一定的使用时间，一般为 30～100min。过滤剂失去过滤作用（面具内有特殊气味）时，应及时更换。

（11）电容型验电器上应标有电压等级、制造厂和出厂编号；对 110kV 及以上验电器还须标有配用的绝缘杆节数；使用前应进行外观检查，验电器的工作电压应与被测设备的电压相同；使用电容型验电器时，操作人应戴绝缘手套，穿绝缘靴（鞋），手握在护环下侧握柄部分；人体与带电部分距离应符合规定的安全距离；使用抽拉式电容型验电器时，绝缘杆应完全拉开。

第二节　检修作业现场"口袋式"临时安全措施的设置与实施

为进一步规范变电站作业现场安全措施管理，防止作业人员误入带电间隔和非工作区域，检修作业现场宜实施"口袋式"临时安全措施。所谓"口袋式"安全措施布置方式是指变电站电气设备进行停电施工作业时，所装设的安全围栏将停电的电气设备以口袋的形式从变电站设备区入口处至作业现场进行设置，使作业人员从设备区入口就只能进入作业现场区域内，不能进入带电设备区内的一种安全围栏布置方式。在此仅讲述"口袋式"安全措施的总体要求、装设方法、配置原则和安全措施示意图实例。

一、总体要求

（1）安全措施布置应遵循"作业现场范围最小，路径选取风险最低"原则，如多个作业班组同时作业，由运维人员根据各作业班组所提要求统筹布置。

（2）本节所称的"安全围栏"（以下简称"围栏"）包括地桩活动围栏、临时围栏、门形组装式安全围栏、固定围栏和围墙、红布幔等。

二、室外高压电气设备作业现场安全措施围栏装设方法

（1）室外作业现场安全措施围栏由地桩活动围栏（地桩、插入式围栏杆、盒式警示带）、临时围栏、门形组装式安全围栏、固定围栏和围墙、标示牌等组成。

（2）"口袋式"安全措施要求从设备区的出入口处道路两侧直至作业现场设备周围装设围栏，形成一个"口袋式"形式将作业现场设备围在围栏里面，"止步，高压危险！"标识应朝向围栏里面。

（3）在装设围栏时，常设的固定围栏和墙可作为"口袋式"措施的一部分进行借用，但应注意借用部分与新设围栏之间缝隙不得超过 20cm，另外，运行中设备的常设围栏不能借用。

（4）装设围栏时应考虑作业人员必需的作业空间，对于特种车辆使用、检修电源接取等特殊需求，作业人员应与运维人员提前沟通。

（5）若作业范围内大部分设备停电，只有个别地点保留有带电设备而其他设备无触及带电导体的可能时，可以在其四周装设全封闭围栏，"止步，高压危险！"标识应朝向围栏外面。

（6）超过 3 日的改扩建工程施工作业，作业区域与运用中设备区域相对独立，采用门

形组装式安全围栏，朝向围栏里面悬挂"止步，高压危险！"标示牌，由施工单位负责装设，与运行设备临近的（如通道和相邻运行设备等），由运维人员负责指导施工单位布置，并纳入运行巡视管控范畴。

（7）超过3日的改扩建工程施工作业，作业区域在运用中设备区域内，不能实现相对独立的，应由运维人员装设地桩式活动围栏或临时围栏后，施工单位在运维人员布置安全隔离措施内，按照施工要求装设门形组装式安全围栏，并朝向围栏里面悬挂"止步，高压危险！"标示牌。

（8）在运行的变电站中进行改扩建工程时，其设置的安全措施应当采用门形组装式安全围栏。门形组装式安全围栏应当安装牢固，并设有专人经常进行检查维护，保证其处于良好状态。

三、室外高压电气设备作业现场安全措施围栏配置原则

1. "口袋式"安全措施要求

从设备区出入口处开始布置围栏地桩点位，进入设备区的道路如果两侧均有电气设备，应在道路两侧设置围栏地桩点位；若道路仅一侧有电气设备，只在带电侧设置围栏地桩点位。

2. 围栏地桩点位之间距离

（1）两点距离按照4m长度设置。

（2）若横跨道路时，根据道路的宽度可以大于4m。

3. 围栏地桩的设置

（1）在道路两侧设置围栏地桩时，应在距道路侧石外侧20cm处设置。

（2）道路转弯处设置，应在道路等径位置处设置横跨道路点位。

（3）每组设备周围都应设置围栏地桩。

（4）两个设备单元中间若有架构爬梯的，其爬梯两侧均应设置点位。

（5）每组母线架构周围都应设置围栏地桩。

4. 围栏杆数量配置标准

围栏杆数量应根据变电站的规模和接线方式配置，按照变电站总地桩数的20％～25％配置，一般变电站按照20％配置，一次接线为3/2接线的变电站和500kV敞开式变电站可按照25％配置。

5. 盒式警示带的数量配置标准

盒式警示带的数量配置应按照变电站总地桩数的3％～4％配置。

6. 围栏杆储存柜配置标准

为了规范化管理，变电站应配备一定数量的围栏杆储存柜，围栏杆储存柜的配备数量应按照站内围栏杆的数量和变电站安全工具室空间情况来决定，一般按照每站4～6个配置。

四、室内电气设备作业现场安全措施装设方法

（1）室内设备作业现场安全措施由临时围栏、红布幔和标示牌等组成。

（2）室内围栏设置应当从设备室出入口处直至作业现场设备处装设临时围栏，形成一个"口袋式"形式，将设备围在围栏里面，"止步，高压危险！"标识应朝向围栏里面。

（3）若作业现场内大部分设备停电，只有个别地点保留有带电设备而其他设备无触及带电导体的可能时，可以在其四周装设全封闭围栏，"止步，高压危险！"标识应朝向围栏外面。

（4）小车检修位置，应将手车围在围栏里面。

（5）如果开关柜后上柜内有电，则应在后上柜门处悬挂"止步，高压危险！"标示牌，并将柜门闭锁；在开关柜后下柜门处悬挂"在此工作！"标示牌。

（6）无作业的邻接设备室，应将门锁住并悬挂"止步，高压危险！"标示牌；通往其他设备室通道的出入口处应设置临时围栏。

（7）保护室的围栏宜通过临时围栏与红布幔相结合的方式进行设置。

五、室内临时围栏数量配置原则

室内临时围栏数量配置＝室内长度尺寸（m）÷（临时围栏间距）3.5m×室内通道数量×2。

【例1】室内长度为40m，电气设备布置为单排高压柜且柜后有通道的，或双排高压柜且柜后没有通道的，则配置不锈钢临时围栏的数量为40÷3.5×2×2＝45.7（46）个。

【例2】室内长度为40m，电气设备布置为双排高压柜且柜后有通道的，则配置临时围栏的数量为：40÷3.5×3×2＝68.6（69）个。

六、安全措施布置示意图实例

（1）变电站"口袋式"安全措施布置示意图1如图5-1所示。

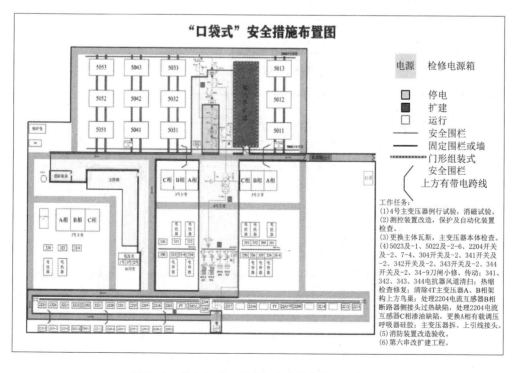

图5-1　变电站"口袋式"安全措施布置示意图1

（2）变电站"口袋式"安全措施布置示意图 2 如图 5-2 所示。

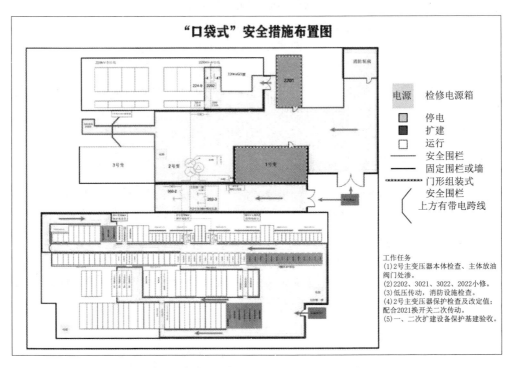

图 5-2 变电站"口袋式"安全措施布置示意图 2

（3）变电站"口袋式"安全措施布置示意图 3 如图 5-3 所示。

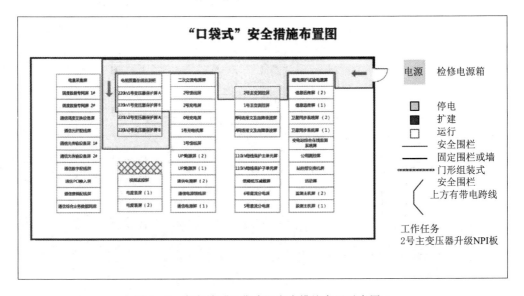

图 5-3 变电站"口袋式"安全措施布置示意图 3

（4）变电站"口袋式"安全措施实景布置效果图如图 5-4 所示。

图 5-4 变电站"口袋式"安全措施实景布置效果图

第三节 总、分工作票的制度建立与实施

为进一步规范工作现场安全管理和工作秩序，明确各级工作人员的安全职责，在以往实施工作现场"总协调人"的基础上，进一步实施并不断完善了"总、分工作票"的制度。

一、总、分工作票的使用条件

（1）220kV 及以上电压等级主变压器停电的综合检修现场。

（2）220kV 及以上电压等级母线停电的综合检修现场。

（3）其他工作地点超过两个，或有两个及以上不同的工作单位（班组）在一起工作的有必要使用总、分工作票的综合检修现场。

二、总工作票签发人、总工作负责人的基本条件

1. 总工作票签发人的基本条件

总工作票签发人应是熟悉人员技术水平、熟悉设备情况、熟悉《电力安全工作规程》，并具有相关工作经验，接受过专门培训，并经考试合格，在公司发布的年度三种人名单中择优担任。

2. 总工作负责人的基本条件

总工作负责人应是熟悉变电一次设备和二次系统情况、熟悉《电力安全工作规程》，并具有相关工作经验，接受过专门培训，并经考试合格，在公司发布的年度三种人名单中择优担任。

三、总、分工作票所列人员的安全责任

1. 总工作票签发人的安全责任

（1）确认工作的必要性和安全性。

（2）确认总、分工作票上所填安全措施是否正确、完备。

（3）确认所派总、分工作票负责人是否在备案名单内。

（4）负责对总工作票进行签发，对分工作票进行双签发。

2. 分工作票签发人的安全责任

（1）确认分工作的必要性和安全性。

（2）确认分工作票上所填安全措施是否正确、完备。

（3）确认所派分工作票负责人和工作班人员是否适当和充足。

（4）负责对分工作票进行双签发。

3. 总工作负责人的安全责任

（1）负责现场工作的人员组织协调，合理统筹安排现场各专业工作，对交叉作业、特种车辆使用进行风险管控，防止发生人身事故。识别作业现场危险点并制定预控措施，确保现场安全措施符合安全规定，落实到位，确保现场人身安全。

（2）负责审查分工作票的安全措施是否正确、完备，是否符合现场条件，若发生疑问，应向总工作票签发人询问清楚后，必要时予以补充完善。

（3）负责组织制作总工作票现场的风险看板，组织分工作票负责人进行现场勘察人身风险及交叉作业风险，填写现场勘查记录，正确填写总工作票。

（4）负责检查工作许可人所做安全措施是否符合现场作业安全条件，必要时予以补充。

（5）开工前，对分工作票负责人进行危险点告知，交代安全措施和技术措施，并确认每一个分工作票负责人都已知晓。

（6）严格监督执行总工作票所列的安全措施，督促分工作票负责人遵守《电力安全工作规程》，认真执行现场安全措施，监督检查分工作票现场，制止作业人员的不安全行为。

4. 分工作负责人的安全责任

（1）负责分工作票现场正确组织工作，负责工作范围内作业条件及危险点的勘察，并对检修工作质量负责。

（2）检查分工作票所列安全措施是否正确、完备，是否符合现场实际条件，必要时予以补充完善。

（3）工作前，对工作班成员进行工作任务、安全措施、技术措施交底和危险点告知，并确认每个工作班成员都已签名。

（4）严格执行分工作票所列安全措施。

（5）监督工作班成员遵守《电力安全工作规程》、正确使用劳动防护用品和安全工器具以及执行现场安全措施。

（6）关注工作班成员身体状况和精神状态是否出现异常迹象，人员变动是否合适。

5. 工作许可人的安全责任

（1）负责审查总工作票所列安全措施是否正确、完备，是否符合现场条件。

（2）工作现场布置的安全措施是否完善，必要时予以补充。

（3）负责检查检修设备有无突然来电的危险。

（4）对工作票所列内容即使发生很小疑问，也应向工作票签发人询问清楚，必要时应要求作详细补充。

（5）负责对分工作票现场进行验收。

四、总、分工作票办理流程和要求

（1）生产计划在编制月度检修计划的同时，按照总、分工作票的适用范围编制总、分工作票的计划，确定总工作票签发人和总工作负责人。生产班组应提前一周将分票工作负责人人选报送至总工作负责人处，由总工作负责人组织现场勘查并制作工作现场风险看板。

（2）分工作票由分工作票负责人填写，由总工作票签发人签发和分工作票签发人实行双签发，由总工作票签发人按照编号原则命名分工作票的编号，分工作票由总工作负责人进行许可。

（3）总工作票由总工作负责人根据分工作票填写，由总工作票签发人签发，并按照编号原则命名总工作票的编号，总工作票由各变电站工作许可人进行许可。

（4）总、分工作票各一式两份，总工作票分别由工作许可人和总工作负责人收执保存；分工作票分别由分工作票负责人和总工作负责人收执保存。

（5）分工作票应在工作前两日 14：00 之前填写完毕。总、分工作票应在工作前一日 14：00 前发送到变电站，总工作负责人不得担任分工作票负责人。

（6）总工作票许可前，工作许可人、总工作负责人、当日有工作的分工作票负责人共同至作业现场处列队，进行工作许可过程问答式录音，由工作许可人交代停电范围、安全措施及注意事项后，工作许可人与总工作负责人双方在工作票上签字。

（7）总工作票许可手续办理后，方可办理分工作票许可手续。总工作负责人向分工作票负责人、专责监护人告知以下内容并进行录音：

1）指明工作地点临近的带电部位和应采取的措施。

2）各分工作票交叉作业时的先后顺序，必要时可按工作的先后顺序许可分工作票。

3）工作中的危险源点和控制措施以及其他注意事项。

4）以上工作完成后，总、分工作票负责人分别在工作票上签字。

（8）工作许可后，由分工作负责人向专责监护人和工作班成员进行工作前交底，并履行签字手续，方可开始工作。

（9）总、分工作票的有效时间，以批准的检修计划为期限，若至预定时间一部分工作尚未完成，需办理延期手续，应在工期尚未结束以前由分工作票负责人向总工作负责人提出申请，总工作负责人向运行值班负责人提出申请（属于调度管辖、许可的检修设备，还应通过值班调度员批准），先将总工作票办理延期手续后，再由总工作负责人与分工作负责人办理延期手续。延期只能办理一次。

（10）总工作负责人非特殊情况不允许变更，如确需变更时，必须得到总工作票签发人的同意，并通知工作许可人和分工作负责人，原、现总工作负责人应对工作任务和安全措施进行交接并会同工作许可人将变动情况记录在工作票上。

（11）工作人员变动时，由分工作票负责人在分工作票上填写变动人员姓名、日期及时间，在对新工作人员进行安全技术交底后进行签名，方可允许其开始工作。

（12）多日工作，每日收工后，将分工作票交到总工作负责人处并签字，分工作票收齐后，总工作负责人将总工作票交到工作许可人处并签字，次日开工，重新履行工作许可手续，方可工作。

（13）各分工作票工作结束后，清理工作现场及所有材料、工具，分工作票负责人应进行周密检查无问题，所有人员撤离工作现场，设备及安全设施全部恢复到开工前状态。分工作票负责人会同变电运维人员对现场进行验收，填写相关记录后，方告分工作终结，与总工作票负责人办理分工作终结手续，分工作票负责人方可带领工作班成员撤离变电站。

（14）现场分工作票全部终结后，总工作票负责人与工作许可人办理总工作终结手续。

五、总、分工作票的填写标准

1. "编号"栏

工作票使用前应统一顺序编号，中间不得空号。未经编号的工作票不准使用，一年之内不得有重复编号。

工作票由各单位（工作票签发单位）统一编号，编号由单位（名称，可简写）、部门（名称，可简写）、票类型（变一）、年份（四位）、月份（两位）、流水号（四位）组成，"单位—部门（变一）—年月流水号"，手写票按此原则单独统一顺序编号，在流水号后加"手"字。

使用总、分工作票，总票的编号末尾缀"（n）"，n（两位）为分票数；分票的编号末尾缀"（n）—m"，m（两位）为分票号。如：总工作票编号为"检修—变电检修中心（变一）—2018010001（02）"，对应分工作票编号为"检修—变电检修中心（变一）—2018010001（02）—01""检修—变电检修中心（变一）—2018010001（02）—02"。

2. "班组"栏

填写使用本工作票的所有班组名称。采用总、分工作票时，总工作票填写所有班组名称，分工作票填写本工作班组名称。

3. "工作班人员"栏

（1）使用总、分工作票时，几个班组如同时进行工作，总工作票的工作班成员栏内只填明各分工作票的负责人，不必填写全部工作人员姓名；分工作票上要填写工作班成员姓名。

（2）在总工作票填写包括分工作票编号后缀号、作业班组以及分工作票负责人姓名，并在分工作负责人名后加"等"，如"01检修一班张×等""02检修二班李×等"。

（3）总工作票中"共＿人"：填写不包括总工作负责人在内的所有作业人员的总数。

（4）进入现场的全部作业人员（含厂家配合人员、起吊作业人员等）均须纳入工作票管理，现场听从工作负责人指挥。

4. "工作任务"栏

总工作票应填写各分工作票工作任务所有内容。

5. "计划工作时间"栏

填写调控中心批准的计划工作日期及时间，不包括停、送电操作时间。分工作票计划工作时间不准超出总工作票计划工作时间。

6.“安全措施（附页绘图说明）”栏

使用总、分工作票时，总工作票上所列安全措施应包括所有分工作票上所列安全措施。

7.“工作票签发人签名”

总工作票应由总工作票签发人签发，分工作票由总工作票签发人和分工作票签发人实行双签发。

8.“确认本工作票1～7项”栏

总工作票许可时，由总、分工作负责人会同工作许可人到现场检查安全措施落实情况。分工作票的许可由分工作负责人与总工作负责人办理，分工作票应在总工作票许可后才可许可。

9.“确认工作负责人布置的任务和本施工项目安全措施”栏

工作使用总、分工作票时，各分工作票工作负责人在总工作票上签名，各工作班成员分别在分工作票中签名。

10.“工作负责人变动情况”栏

分工作负责人变更，由原工作票签发人同意并通知总工作负责人，由总工作负责人填写相关记录并与之办理相关变更手续，总、分工作票都要填写。

11.“工作票延期”栏

分工作票办理延期手续，由分工作负责人向总工作负责人办理，同时征得工作许可人同意；若分工作票延期时间超出总工作票计划工作时间，则应先办理总工作票延期手续，再办理分工作票延期手续。

12.“工作票终结”栏

执行总、分工作票时，分工作票的工作终结由分工作负责人与总工作负责人办理。分工作票不需办理工作票终结。总工作票应在所有分工作票工作终结后才可终结。

13.“安全措施附图”栏

总工作票需绘制综合检修现场所需停电部分和相关带电设备的单线图，分工作票不需要单独绘制。

第四节　变电站危险源可视化辨识及实例

为深入推进安全生产双重预防机制落地应用，规范和丰富变电站内的危险源的管控手段，在变电站深入分析和辨识危险源种类，通过可视化的方式，着力优化危险源辨识过程中“想不到”和现场管控“意识差”问题，进一步提升现场安全风险管控能力。

一、标准和定义

1.变电站危险源的定义

本身具有能量，在变电站特定环境下可能导致发生人身、电网和设备事故的危险因素，主要有人的行为、环境的影响和管理的缺失。

2.安全可视化管理的定义

通过人的视觉能够感知现场的状态、需要注意的事项和遵守要求的管理方法。

3. 变电站危险源可视化管理的基本原则

（1）视觉化。通过标示标识、色彩管理，将变电站危险源信息转换成视觉信息。视觉化可将信息传递模式都转化成统一的视觉信号模式，实现了信号传递的简单、准确、快速，符合管理的实际需求。

（2）透明化。将需要被看见的、处于隐藏状态的变电站危险源信息显露出来。

（3）界限化。标明正常与异常的界限，将变电站危险源信息通过定量的方式来定性。

4. 变电站危险源可视化的分类

（1）人员安全类：用于管控触电伤害、高空坠落、物体打击、机械伤害、特殊环境作业、误操作等造成人身事故。

（2）设备安全类：用于管控因人员不安全行为、管理工作缺失等导致设备事故。

（3）环境提升类：用于优化作业环境，从附属设施等方面分析环境因素带来的风险。

5. 变电站危险源可视化使用的工具

包括宣传牌、标识牌、警示线、箭头方向等，应清晰醒目、规范统一、安装可靠、便于维护，适应使用环境要求。

二、典型变电站危险源可视化工程实践

典型变电站危险源可视化工程实践见表 5-1。

表 5-1　　　　　　　　　　典型变电站危险源可视化工程实践

序号	危险源	优化方案	图　例
1	线路弧垂距离巡视通道较近，作业人员在巡视、检修过程中存在侵犯安全距离导致高压触电的风险	在作业人员巡视通道上施涂"注意安全距离"的安全标识	
2	行车道路上方行线带电，起吊作业存在侵犯安全距离的风险	在起吊作业点临近的带电设备架构上设置"上方行线带电，注意安全距离"安全标识，提醒吊车司机和专责监护人注意	

序号	危险源	优化方案	图　　例
3	在变压器或设备架构上开展作业，作业人员存在脱离安全带保护导致高空坠落的风险	在爬梯门内侧张贴安全标识，提示作业人员作业全过程系好安全带，上梯前明确带电部位和安全距离	
4	运维人员在巡视变压器时，由于表计位于变压器风扇内侧，观测时易造成运维人员磕碰	在变压器风扇内侧易磕碰位置张贴安全标识，提醒运维人员注意	
5	GIS 设备的防爆膜、变压器的泄压阀等存在爆炸风险，临近作业人员可能受到冲击伤害	在 GIS 设备的防爆膜、变压器的泄压阀等附近张贴"远离设备"标识牌，提醒作业人员注意	
6	GIS 设备出线与巡视平台距离过近，作业人员在巡视过程中存在侵犯安全距离导致高压触电的风险	在作业人员巡视通道上安装"注意安全距离"的安全标识	

序号	危险源	优化方案	图　例
7	现场无主变压器冷却系统的启停温度提示，运维人员在巡视过程中，不易发现主变压器冷却系统是否正常工作	在主变压器冷却器控制箱上张贴冷却系统的启停温度及分组启停逻辑提示标识	油温××℃第三组风扇启动 油温××℃第三组风扇停止 油温××℃第四组风扇启动 油温××℃第四组风扇停止
8	断路器、GIS设备、开关柜等充气设备、充油设备压力值在现场表计指示不醒目，易因运维人员巡视疏忽造成设备因压力降低而拒动	SF_6压力表计、油压表计旁明显位置张贴压力提示卡，用五角星个数体现关注程度，为运维人员提供巡视参考	×××气室　★★★ 额定值：0.60MPa　报警值：0.55MPa　闭锁值：0.50MPa
9	保护屏上保护压板缺少正常运行状态下压板投退提示，在运维人员进行操作时易出现误投或漏投情况	在保护屏正常需要投入的压板上（下）方张贴保护压板红色提示符，避免运维人员操作时误投或漏投	
10	同一面保护屏存在包含多个间隔二次装置的情况，不同二次装置压板易混淆，存在误操作的风险	对于同屏不同二次装置压板，用分隔标示加以区分明确，防止误投退压板	115保护压板　116保护压板

序号	危险源	优化方案	图 例
11	电容器组网门上，缺少提示检修人员在工作时需要将电容器组逐台放电的标识，存在人员触电风险	在电容器网门上张贴"工作前电容器应逐个多次放电"的安全标识	工作前电容器应逐个多次放电
12	室内设备室的空间地面有预留的地排，作业人员易划伤腿部	将预留地排套装防护罩，防护罩外侧粘贴荧光、反光贴纸，提醒作业人员注意脚下安全	
13	电缆层部分电缆为防止踩坏电缆放有桥型钢板，在昏暗灯光下不易看清，存在磕绊危险	将桥型钢板施涂荧光、反光材料，提醒作业人员注意脚下安全	
14	开关柜、汇控柜内置的交、直流环路开关指示不明显，作业人员难以迅速定位	在开关柜、汇控柜上贴上交、直流环路断点的提醒性标示	本柜内有刀闸电机电源环路开关，正常运行状态开关在分位

序号	危险源	优化方案	图　例
15	在变电站主控楼入口处缺少楼层平面导航图，易造成作业人员未经许可误入设备间	绘制变电站主控楼的平面导航图，标明各个设备间、候工室等，对作业人员起到提醒作用	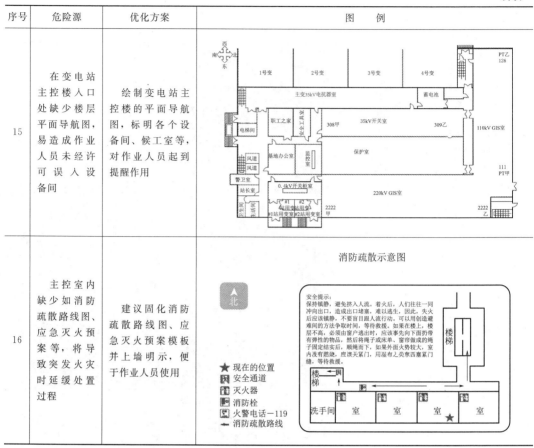
16	主控室内缺少如消防疏散路线图、应急灭火预案等，将导致突发火灾时延缓处置过程	建议固化消防疏散路线图、应急灭火预案模板并上墙明示，便于作业人员使用	

参 考 文 献

［1］ 杨智睿. 变电运行倒闸操作顺序分析［J］. 内蒙古电力技术，2012，30（6）：113－117.

［2］ 王志伟，李炳娴，王忠阳，等. 变电站倒闸操作中的问题和防范［J］. 电力安全技术，2019，21（11）：1－3.

［3］ 何瑞丹. 变电站倒闸操作票的填写与规范［J］. 内蒙古石油化工，2019，45（3）：73－74.

［4］ 魏晓艳. 变电运行倒闸操作中的常见问题研究［J］. 河南科技，2019（20）：128－130.

［5］ 张全元. 变电运行现场技术问答［M］. 北京：中国电力出版社，2019.

［6］ 白泽光. 电气倒闸操作票编制与实例［M］. 北京：中国电力出版社，2014.

［7］ 狄富清，狄晓渊. 变电站现场运行实用技术［M］. 北京：中国电力出版社，2019.

［8］ 许艳阳. 轻松学变电站倒闸操作［M］. 北京：中国电力出版社，2017.

［9］ 祝传海，黄北刚. 变电站倒闸操作与事故处理［M］. 北京：中国电力出版社，2015.

［10］ 天津市电力公司. 变电运行现场操作技术［M］. 北京：中国电力出版社，2004.

［11］ 黄益庄. 变电站综合自动化技术［M］. 北京：中国电力出版社，2020.

［12］ 王远璋. 变电站综合自动化现场技术与运行维护［M］. 北京：中国电力出版社，2004.

［13］ 天津市电力公司. 变电运行现场操作技术［M］. 北京：中国电力出版社，2012.

［14］ 福建省电力有限公司. 变电运行岗位培训教材［M］. 北京：中国电力出版社，2015.

［15］ 张全元. 变电运行一次设备现场培训教材［M］. 北京：中国电力出版社，2011.

［16］ 徐国政. 高压断路器原理和应用［M］. 清华大学出版社，2000.

［17］ 苑舜，崔文军. 高压隔离开关设计与改造［M］. 中国电力出版社，2007.

［18］ 吕永峰. 电子互感器及其技术发展［J］. 企业技术开发，2018，37（9）：93－94，97.

［19］ 邹洁. 电子互感器在数字化变电站的应用［J］. 科技展望，2015（20）：126.

［20］ 陈飞. GIS设备的发展和应用研究［D］. 杭州：浙江大学，2007.

［21］ 臧宏，志王羽，田张，等. 小电阻接地方式在山东配电网中的应用研究［J］. 电力设备管理，2019，6：9－12.

［22］ 杜增. 变电站工程消防验收备案的重要性和必要性［J］. 安徽电力，2018（3）：41－44.

［23］ 汪滨. 牵引变电所消防系统设计［J］. 内蒙古科技与经济，2007（10）：133－134.

［24］ 朱小彤，姜涛. 城市户外输配电开关柜的消防安全［J］. 消防技术与产品信息，2010（12）：20－23.

［25］ 赵庆平，俞颖飞. 变电站灭火系统应用研究［J］. 消防技术与产品信息，2013（10）：39－41.

［26］ 史毅. 变电站消防系统探讨［J］. 工程设计CAD与智能建筑，2001（9）：53－55.